国家基础地理信息数据库
动态更新工程技术

Dynamic Updating Engineering Technology of National
Fundamental Geographic Information Database

王东华　刘建军 等　编著

测绘出版社

·北京·

内容简介

　　本书介绍了国家基础地理信息数据库动态更新工程项目的主要研究与实施成果。主要内容包括国家基础地理信息数据库的建设历程与现状、动态更新总体技术与方法,以及基础数据库动态更新、派生数据库联动更新、要素级多时态数据库建库与管理等工程技术。同时,本书介绍了在工程应用实践方面取得的成果,并对国家基础地理信息数据库的未来发展进行了展望。

　　本书可作为各级基础地理信息数据库建设相关工程技术人员的重要参考书,也可作为基础地理信息系统初学者的入门辅导读物。

图书在版编目(CIP)数据

　　国家基础地理信息数据库动态更新工程技术/王东华等编著. -- 北京:测绘出版社,2018.7(2023.7 重印)
　　ISBN 978-7-5030-4148-8

　　Ⅰ.①国… Ⅱ.①王… Ⅲ.①地理信息系统－数据库系统 Ⅳ.①P208.1

　　中国版本图书馆 CIP 数据核字(2018)第 135120 号

责任编辑	赵福生	封面设计	李　伟	责任校对	石书贤	责任印制	陈姝颖

出版发行	测绘出版社	电　话	010－68580735(发行部)
地　址	北京市西城区三里河路 50 号		010－68531363(编辑部)
邮政编码	100045	网　址	www.chinasmp.com
电子邮箱	smp@sinomaps.com	经　销	新华书店
成品规格	184mm×260mm	印　刷	北京捷迅佳彩印刷有限公司
印　张	9.25	字　数	226 千字
版　次	2018 年 7 月第 1 版	印　次	2023 年 7 月第 3 次印刷
印　数	1201－1500	定　价	56.00 元
书　号	ISBN 978-7-5030-4148-8		

本书如有印装质量问题,请与我社发行部联系调换。

前　言

　　基础地理信息是国家经济建设、社会发展、国防建设和生态保护中不可或缺的基础性和战略性信息资源。保持基础地理信息的现势性是我国基础测绘工作的重要任务，经过20多年的努力发展，我国在基础地理信息数据库建设方面已取得了显著成绩。"九五""十五"期间，完成了国家基础地理信息数据库的初始建设，但由于资料和技术原因，现势性较差，仅为20～30年；"十一五"期间，实现了一轮全面更新，现势性提高为5年；"十二五"期间，迈入了动态更新的发展阶段，每年更新1次，每年发布1版，现势性提升至1年；"十三五"开始，进一步实现了国家级3种尺度6类数据库的每年1版动态与联动更新。至此，我国已全面建立了涵盖3个尺度(1∶5万、1∶25万、1∶100万)、4种类型(正射影像数据、地形要素数据、数字高程模型数据、地形图制图数据)、多个现势性版本的国家基础地理信息数据库体系。本书介绍了动态更新的总体技术思路，阐述了基础数据库动态更新、派生数据库联动更新、多时态数据库管理服务等主体技术方法和主要技术特点等。

　　本书共7章，包含如下内容：第一、二章从总体上对国家基础地理信息数据库动态更新技术进行了介绍，包括建设历程与现状、总体技术与方法等；第三章至第五章，重点介绍了基础数据库动态更新、派生数据库联动更新、要素级多时态数据库建库与管理等工程技术；第六、七章介绍了动态更新工程应用实践及发展展望等内容。

　　本书汇集了国家基础地理信息数据库动态更新工程项目的主要研究与实施成果。本书的第一、二章由王东华、刘建军撰写；第三章由刘建军、李雪梅撰写；第四章由刘建军、吴晨琛撰写；第五章由刘建军、张元杰撰写；第六、七章由王东华、刘建军撰写。全书由王东华统稿，由张俊校稿。

　　本书的编写得到了各方面的大力支持与帮助。感谢国家测绘地理信息局李维森副局长、白贵霞司长、田海波副司长等领导的关怀和指导；感谢国家基础地理信息中心，陕西、黑龙江、四川、海南测绘地理信息局，重庆测绘院等项目承担单位的大力支持；感谢刘剑炜、王桂芝、李曌、张晓倩、赵文豪、杜晓、赵淮、吴燕平、孙洪双、石江南等同志在项目实施中做出的贡献。

　　由于有关研究工作还不够深入，加之水平和时间有限，书中有些内容还有待进一步完善，瑕疵和纰漏在所难免，恳请读者予以指出并提出宝贵意见。

作　者

2017年6月6日

目 录

第一章 概 述

一、建设背景

基础地理信息主要指通用性强、共享需求大、由国民经济与社会发展各行业采用、作为统一的空间定位框架和空间分析基础的相关地理信息。基础地理信息数据是国家空间数据基础设施的重要组成部分,是国家信息化权威、统一的定位基准和空间载体,是国民经济、国防建设、国土整治、资源开发、环境保护、防灾减灾、科教科研等工作不可或缺的基础性和战略性信息资源,在促进经济社会可持续发展方面发挥着十分重要的作用:可维护国家主权、国家安全和民族尊严,提高政府管理与决策水平,加强宏观调控,积极推动"一带一路"共建,推进京津冀协同发展、长江经济带发展,促进西部开发、东北振兴、中部崛起、东部率先发展,促进大、中、小城市和小城镇协调发展,开展国家和地方一系列重大工程建设,推进重大生态保护和修复工程实施,合理开发利用资源,保护生态环境,构筑公共应急保障体系,提高人民群众生活质量,全面建成小康社会等。

我国基础地理信息主要参照国家基本比例尺地形图进行采集,主要包括 1:500、1:1000、1:2000、1:5000、1:1 万、1:2.5 万、1:5 万、1:10 万、1:25 万、1:50 万、1:100 万 11 种。随着测绘技术和计算机技术的结合与不断发展。基础地理信息不再局限于以往地图这一单一模式,现代基础地理信息主要由数字正射影像图(DOM)、数字高程模型(DEM)、数字栅格图(DRG)、数字线划图(DLG)及复合模式组成。

我国国家多尺度、多类型数据库中的基础数据库是 1:5 万地形数据库,相对于基础数据库,1:100 万和 1:25 万地形数据库是跨尺度数据库,地形图制图数据库和数字高程模型数据库是跨类型数据库,这两类数据库均在基础数据库基础上进行更新。

按照我国的基础测绘分级管理制度,1:100 万、1:25 万、1:5 万国家基本比例尺地图、影像图和数字化产品的测制和更新由国务院测绘行政主管部门即国家测绘地理信息局组织实施;1:1 万、1:5000 国家基本比例尺地图、影像图和数字化产品的测制和更新则由省、自治区、直辖市政府测绘行政主管部门组织实施。

根据国家相关法律法规可以确立基础测绘成果持续更新、数据安全保障并对社会提供利用的法律地位。《中华人民共和国测绘法》第三章第十五条规定"基础测绘成果应当定期进行更新,国民经济、国防建设和社会发展急需的基础测绘成果应当及时更新";第六章第二十九条规定"测绘成果保管单位应当采取措施保障测绘成果的完整和安全,并按照国家有关规定向社会公开和提供利用"。2009 年 8 月实施的《基础测绘条例》,第四章第二十一条,明确规定了基础地理信息的更新制度,即"基础测绘成果更新周期应当根据不同地区国民经济和社会发展的需要、测绘科学技术水平和测绘生产能力、基础地理信息变化情况等因素确定。其中1:100 万至 1:5000 国家基本比例尺地形图、影像和数字化产品至少 5 年更新 1 次;对于自然灾害多发地区以及国民经济、国防建设和社会发展急需的基础测绘成果应当及时更新"。

根据《国务院关于加强测绘工作的意见》，明确要求"着力自主创新，加快信息化测绘体系建设，构建数字中国地理空间框架"。经国务院批复的《全国基础测绘中长期规划纲要（2015—2030年）》（以下简称《规划纲要》）明确了2015—2030年全国基础测绘的发展目标和重点任务之一就是持续更新基础地理信息资源，建立全国基础地理信息联动更新机制，做好1∶5万及更小比例尺基础地理信息重点要素年度更新工作。《规划纲要》提出了中期目标：到2020年，建立起高效协调的基础测绘管理体制和运行机制，形成以基础地理信息获取立体化实时化、处理自动化智能化、服务网络化社会化为特征的信息化测绘体系，全面建成结构完整、功能完备的数字地理空间框架。

2012年，国家测绘地理信息局启动了国家基础地理信息数据库动态更新项目，对国家1∶5万、1∶25万、1∶100万基础地理信息数据库进行持续动态更新，不断提升维持数据的现势性，1∶5万数据库的整体现势性达到1年内，1∶25万、1∶100万数据库的整体现势性达到2年内，更好地满足国民经济建设与社会发展对基础地理信息现势性的要求，为国民经济建设与社会发展提供可靠的测绘保障。

二、建设历程与现状

国家基础地理信息数据库的建设历经二十多年，主要经过了初始建库、全面更新、动态更新三个历程。从"八五"期间开展研究试验、小比例尺数据库建设开始，逐渐发展到全面完成国家级多尺度数据库的建设，并实现了数据库的全面动态更新。"九五""十五"期间，完成了国家基础地理信息数据库的初始建库；"十一五"期间，完成了国家基础地理信息的首次全面更新；至"十二五"初，国家基础地理信息数据库实现全国覆盖，完整性及现势性得到了大幅提高。

到目前为止，已经完成了国家1∶5万、1∶25万、1∶100万多尺度基础地理信息数据库的初始建库、全面更新与动态更新，经过这三个建设阶段，我国的国家基础地理信息数据库实现了"从无到有、从有到新、从新到优"的三步跨越式发展。

（一）初始建库阶段

"九五""十五"期间，国家测绘地理信息局组织开展了全国1∶5万基础地理信息数据库建设，充分利用与整合了新中国成立以来的主要测图成果，在数据采集与生产中全面使用了国产化软件，较好地解决了多源数据整合、海量数据管理、数据质量控制等诸多技术难题，建成了全国1∶5万核心要素数据库，完成了国家级基础地理信息数据库的初始建库；有效缓解了用户对全国范围高精度基础地理数据的需求，在国民经济建设和信息化中产生了巨大的应用效益。

（二）全面更新阶段

"十一五"期间，针对经济社会各方面的迫切需求，国家测绘地理信息局开展了基础地理信息的全面更新，花了5年多时间完成了1.9万余幅1∶5万基础地理信息数据库的更新工作、5000余幅西部1∶5万无图区测图及其基础地理信息数据库的建设工作。通过这些努力，到"十一五"末、"十二五"初，我国已经全部完成了国家1∶5万基础地理信息数据库的全面覆盖，1∶5万基础地理信息要素内容的完整性及现势性得到了大幅度提高，基本满足了国民经济与社会发展使用需求，形成了涵盖3个尺度（1∶5万、1∶25万、1∶100万）、4种类型（正射影像数据、地形要素数据、数字高程模型数据、地形图制图数据）的国家基础地理信息数据库产品体系，基本满足了国民经济建设与社会发展的使用需求。

建成后的1∶5万数据库首次覆盖全国，形成了包括1 m或2.5 m的覆盖全国的高分辨率影像数据库、全要素的地形要素数据库、数字高程模型数据库及1∶5万地形图制图数据库，数据现势性达到2005—2010年。更新后的地形数据要素数据内容详细程度提高了3倍，对定位基础、地貌、水系、居民地及设施、交通、管线、境界与政区、植被与土质、地名9类内容进行了全要素更新。数字正射影像图数据分辨率大幅度改善，全面更新和实现了1 m和2.5 m分辨率数字正射影像图的全覆盖，平面位置精度达到或优于1∶5万地形图，现势性达到2005—2010年。数字高程模型数据库中涉及等高线的8963幅图的数字高程模型实现了全面更新，占整个更新区域40%以上，实现了1∶5万数字高程模型的精化，具有更好的精度与现势性。首次采用基于数据库驱动的地形图制图技术建立了新版1∶5万地形图制图数据库。1∶5万基础地理信息数据库的全面更新工程的完成，实现了真正意义上的全国1∶5万"一张图"。

（三）动态更新阶段

测绘在成功实现数字化转型后，正在向信息化方向发展，地理信息综合服务正在成为现代测绘工作的主要内容，这对基础地理信息数据的更新与服务提出了更高的要求，特别是在国家基础地理信息公共服务平台、数字城市共建共享、地理国情监测等一批重大基础地理信息应用建设工程的推动下，数据的现势性与内容的丰富性引起了用户前所未有的重视。为了提高测绘保障和地理信息服务能力，需要大力推进基础地理信息数据库从定期全面更新向持续动态更新的转变，加强基础地理信息资源的持续更新和开发利用，不断丰富基础地理信息内容，维护数据库的现势性，已经成为提高测绘保障和地理信息服务能力的重要内容。为此，国家测绘地理信息局于2012年启动了国家基础地理信息数据库动态更新工程，对国家1∶5万、1∶25万、1∶100万基础地理信息数据库进行持续动态更新，每年更新1次，发布1版，不断提升数据的现势性，更好地满足国民经济建设与社会发展对基础地理信息数据库现势性提升的迫切需求，为国民经济建设与社会发展提供可靠的测绘保障。经过近几年的不懈努力，在一系列重大工程项目的实施下，建成了覆盖全国的多尺度、多类型基础地理信息数据库，实现了从传统的全面更新向应需适时动态更新的历史性跨越。

回顾至今，国家基础地理信息各尺度数据库的建设历程如表1-1所示。

表1-1　国家基础地理信息各尺度数据库建设时间节点

尺度	初始建库	全面更新	动态更新
1∶100万	1994年	2002年	2014年、2016年
1∶25万	1998年	2002年、2008年	2012年、2013年、2016年
1∶5万	2006年	2011年	2012年、2013年、2014年、2015年、2016年

全国1∶100万数据库于1994年建成，主要采用纸质地形图数字化的方式；在2002年进行了一次全面更新，这次更新主要利用了卫星影像和专业部门资料；2014年又利用最新版1∶25万地形数据库进行了一次全面缩编更新，并完成制图数据、数字高程模型数据的联动更新；2016年开始每年进行一版联动更新。

全国1∶25万数据库于1998年建成，主要采用纸质地形图数字化的方式；后分别于2002年、2008年进行了2次更新，主要利用了卫星影像和专业部门资料；2012年又利用最新版 1∶5 万地形数据库进行了全面缩编更新,并于 2013 年利用 1∶5 万数据库增量更新成果进行了联动更新,整体现势性与 2012 版 1∶5 万地形数据库基本一致,并完成地形图制图数据、数字高程模型数据的联动更新;2016 年开始每年进行一版联动更新。

全国 1∶5 万数据库建设与更新经历了核心要素数据库与全要素数据库两个阶段。1∶5 万核心要素数据库于 2006 年建成,主要采用纸质地形图数字化的方式,要素内容也不够完整,解决了从"无"到"有"的问题。在"十一五"期间,为了满足国民经济建设与社会发展的需要,在 1∶5 万核心要素数据库的基础上,采用全面更新模式,以综合判调和缩编更新为主要技术方法,于 2011 年完成了覆盖全国的 1∶5 万全要素数据库的建设与更新。2012 以后对 1∶5 万地形数据库持续进行年度动态更新,覆盖全国范围,整体现势性达到 1 年内。

此外,在我国逐步建成全国多尺度基础地理信息数据库的同时,经过长期不懈的努力,在数据获取、数据更新处理、数据库管理、应用服务等方面取得了突飞猛进的发展,在一系列重大工程的带动下,积累了一批适于数据库更新的技术标准、生产工艺及其相应的生产软件系统,尤其在全国 1∶5 万数据库更新工程中研发使用了多源像控相结合的正射影像处理、综合判调更新、缩编更新、基于地形特征提取的数字高程模型更新与精化、数据更新质量控制、数据库驱动的 1∶5 万地形图制图数据快速生产、新模式的基础地理信息更新数据库管理与服务系统,初步形成了基础地理信息数据库规模化建库、更新、服务、质量控制的技术体系,具备了影像数据快速处理、地形数据内外业一体化更新生产、地形图制图数据快速生产、海量数据网络化管理服务等技术能力,为进一步开展基础地理信息数据库的应需适时动态更新工作奠定了坚实的技术基础。经过试验与大规模动态更新生产实践,研制攻克了增量建库、动态更新生产、联动更新生产、增量数据质量控制等一系列关键技术难题,初步形成了国家基础地理信息数据库动态更新技术框架,为动态更新提供了技术标准与依据。

三、相关工作基础

近年来,我国测绘地理信息事业发展迅速,陆续启动了一系列重大工程项目,包括全国 1∶1 万数据库整合升级、地理国情普查、国家地理信息公共服务平台建设、国产测绘卫星影像数据获取与处理、国家现代测绘基准体系基础设施建设、927 一期工程等,这些工程项目的实施为基础地理信息数据库的更新积累了可贵的工作基础。

(一) 全国 1∶1 万数据库整合升级

全国 1∶1 万数据库整合升级工作于 2012 年试点,2013 年全面启动,按计划于 2014 年 6 月完成。整合后的 1∶1 万数据库实现了全国范围内的规范统一、与国家 1∶5 万数据库协调一致,为联动更新国家 1∶5 万数据库奠定了坚实的基础。

根据 2013 年底的统计,全国 1∶1 万基础地理信息成果约 16 万余幅,覆盖全国约 50% 面积。从 1∶1 万数据分布情况来看,主要覆盖在我国中东部地区,且东部经济发达省份的数据现势性好于中西部省份。

(二)地理国情普查

地理国情普查于 2012 年启动,2015 年完成全国范围普查,2016 年开始常态化监测。地理国情普查数据成果资料包括最新的地表覆盖普查数据、地形地貌普查数据、地理界线普查数据等成果资料,具有 1∶1 万尺度的几何位置精度和丰富的属性信息,可以作为 1∶5 万数据库重点要素更新、全面更新的重要基础资料。

在地理国情普查中已经积累了大量的高分辨遥感影像数据,主要包括 WorldView、GeoEye、QuickBird、Pleiades 等卫星遥感影像数据,这些数据获取时间在 2011 年后,且分辨率均优于 1 m,覆盖了全国约 843 万平方千米以上的区域。而对于获取不到遥感影像的区域,可以通过航空摄影获取大量影像数据。

(三)国家地理信息公共服务平台建设

国家地理信息公共服务平台是针对政府、专业部门和企业对地理信息资源综合利用、高效服务的需求,依托测绘部门现有地理信息生产、更新与服务架构,以及国家投入运行的涉密与非涉密广域网物理链路,联通分布在全国各地的国家级、省级、市级地理信息资源,实现全国不同地区宏观、中观到微观地理信息资源的开发、开放,7×24 小时不间断的"一站式"服务,独特的一体化数据资源集成应用,测绘部门、专业部门、企业和社会团体地理信息资源共享与协同服务等,使其可以为国家基础地理信息数据库动态更新提供可靠、及时的数据资源。

(四)国产测绘卫星影像数据获取与处理

近几年,我国国产测绘卫星技术飞速发展,尤其是随着天绘一号、资源三号卫星及高分系列卫星等的成功发射,我国国产卫星遥感影像获取与处理能力取得了突破性进展,具备了可快速获取与处理覆盖全国大部分区域的高分辨率卫星遥感影像数据的能力,基本可以满足国家 1∶5 万至 1∶100 万基础地理信息数据库更新的需要,为国家基础地理信息数据库动态更新提供了可靠的影像更新数据保障。

(五)国家现代测绘基准体系基础设施建设

国家现代测绘基准体系基础设施建设是"十二五"期间的重大专项工程,于 2012 年 6 月启动,实施年限为 4 年,主要完成国家现代大地基准建设,建成初具规模的全球卫星导航定位连续运行基准站网和卫星大地控制网。在全国范围建成 360 个全球卫星导航定位连续运行基准站,其中新建 150 个、改造利用 60 个、直接利用 150 个。建设由 4500 个点组成的卫星大地控制网。该项工程的建设成果将直接为国家 1∶5 万数据库中测量控制要素提供更新数据源。

(六)927 一期工程

国家海岛(礁)测绘一期工程(简称 927 一期工程)是国家发改委立项和财政部纳入预算的国家重大基础建设项目。927 一期工程的主要目标是全面摸清我国海岛(礁)数量、位置和分布,初步建成符合《中华人民共和国测绘法》要求的与我国陆地现行测绘基准一致的高精度海岛(礁)平面、高程/深度和重力基准,编制出版我国海岛(礁)系列地图。工程建设覆盖距我国大陆 80 海里范围内海域、西沙群岛海域、中沙群岛海域、南沙群岛海域,以及我国沿海 10 km 范围内的沿岸陆地区域。工程建设成果可以为国家 1∶5 万数据库更新提供参考数据源。

四、目标与任务

（一）总体目标

国家基础地理信息数据库动态更新是我国基础测绘的重点工作之一，其总体目标是在对国家1∶5万、1∶25万、1∶100万基础地理信息数据库进行持续快速更新，不断提升数据的现势性，实现从全面推帚式更新模式到动态更新和联动更新相结合的持续快速更新模式的转变，初步建立适用于我国国情的基础地理信息动态更新技术与业务体系，具备对全国多尺度数据库持续进行动态更新的能力，更好地满足国民经济建设与社会发展对基础地理信息应需适时动态更新的要求，为国民经济建设与社会发展提供可靠的测绘保障。

（二）主要任务

国家基础地理信息数据库动态更新包括1∶5万、1∶25万、1∶100万正射影像、地形数据、数字高程模型数据、制图数据的更新和建库，以及1∶1万数据库整合升级、数据库动态更新与维护、技术试验与支持系统建设等，具体任务包括以下几方面。

1. 全国多分辨率数字正射影像数据库整合更新

（1）整合现有的控制点资料并进行补充采集，构建全国影像控制点库。

（2）在现有正射影像数据库的基础上，根据1∶5万地形数据库更新的需要，利用资源三号、天绘等国产卫星获取的最新遥感影像生产正射影像数据。

（3）整合地理国情普查、省级基础测绘、数字城市等正射影像数据，建成多分辨率正射影像数据库。

（4）1 m、2.5 m或5 m分辨率数字正射影像数据需覆盖全国。

（5）全国大部分地区正射影像数据时相保持在1年内，影像数据获取困难地区保持在3年内。

2. 1∶5万地形数据库动态更新与建库

（1）更新范围共涉及1∶5万图幅24185幅。

（2）完成对全国1∶5万地形数据库重点要素更新，每年更新1次、发布1版，重点要素现势性达到1年之内。

（3）利用现势性好的省级1∶1万数据成果、地理国情普查成果、遥感影像、专业资料等完成对全国1∶5万地形数据库全要素更新，现势性达到5年内。

（4）实现对更新数据的增量建库与管理服务。

3. 1∶5万数字高程模型数据库更新与建库

（1）根据1∶5万地形数据库动态更新情况，重点实现对重大工程、自然灾害等引起的地貌变化区域的数字高程模型数据库的及时更新。

（2）利用地理国情普查数字表面模型成果、新版1∶1万地形数据、资源三号或天绘卫星立体影像、必要时采用的无人机航摄影像，对1∶5万数字高程模型精度较差或地形发生变化区域的高程信息进行全面更新。

（3）实现对数字高程模型数据的建库与管理服务。

4．1∶5 万地形图制图数据库更新与建库

(1)建立 1∶5 万地形图制图数据与地形数据库的关联,以实现地形图制图数据和地形数据的集成管理与同步更新。

(2)利用全国 1∶5 万地形数据库的更新成果,每年对全国 1∶5 万地形图制图数据库进行相应的联动更新,满足地形图快速输出与应急服务的需要。

5．1∶25 万数据库更新

利用 1∶5 万数据库动态更新的增量更新成果,完成对全国 1∶25 万地形数据库、制图数据库、数字高程模型数据库的联动更新,现势性保持在 1 年内。

6．1∶100 万数据库更新

(1)利用 1∶25 万数据库更新成果,完成对全国 1∶100 万地形数据库的全面缩编更新及联动更新。

(2)利用更新后的 1∶100 万地形数据库,完成全国 1∶100 万地形图制图数据库与数字高程模型数据库的更新。

7．全国 1∶1 万数据库整合升级

(1)按照全国统一的建库方案或规范的要求,各省、区、市对整合处理后的数据进行建库,并对 1∶1 万数据库管理与服务系统进行优化升级,全面完成 1∶1 万数据库的整合升级工作。

(2)研究设计全国统一的技术方案或标准规范,组织各省、区、市进一步开展省级 1∶1 万数据库的动态更新、与国家 1∶5 万数据库的联动更新。

8．数据库动态更新与持续维护

针对国家基础地理信息数据库动态更新需求,进一步构建和完善版本与增量相结合的数据库更新管理平台,实现对国家多分辨率正射影像数据库、地形要素数据库、数字高程模型数据库、地形图制图数据库的动态更新的有效管理与服务。

9．技术试验与支持系统建设

(1)开展资源三号卫星 1∶5 万立体测图试验、数据库动态更新与维护技术试验等关键技术生产试验。

(2)进一步优化完善国家基础地理信息数据库管理服务系统,实现全国 1∶5 万、1∶25 万、1∶100 万数据库的动态管理与持续维护。

(3)完成国家基础地理信息数据库动态更新的技术设计与支持系统建设,补充完善相应的技术标准规范,研制开发相关软件系统,提高动态更新技术水平与服务能力。

(4)完成动态更新的组织管理、技术协调、质量控制、成果归档、验收准备等工作。

第二章　总体技术与方法

基础地理信息数据库的动态更新不同于"十一五"期间的全面更新,不仅范围更加广泛,涉及全国陆地国土面积,而且提出了更高的技术要求和目标,要求实现对重点要素每年更新1次,然而在资料收集利用、更新技术、业务技术模式等诸多方面却难以照搬过去的技术路线方法。

为保障数据库动态更新能够顺利实施,必须进行科学的设计、精密的规划,集思广益,提出科学合理的更新技术路线。采用继承与发展的设计思想,面向基础地理信息数据库的应需适时动态更新需求进行总体技术设计,以原有数据库与技术方法为工作基础,充分利用成熟的高新技术研究与设计动态更新技术新方法,集成先进实用的技术系统,制定与完善动态更新标准规范,形成满足更新生产需求的业务体系。

一、基本原则

(一)全面更新、突出重点

立足于全社会对于基础地理信息应需适时动态更新的需要,以经济社会发展需求为导向,紧密围绕国家测绘与地理信息事业发展的中心任务,以提供可靠、适用、及时的基础测绘保障服务为要求,采用重点要素更新与全面更新相结合的更新模式,分片区推进全要素更新,同时继续保持对国民经济建设和社会发展具有重要意义、变化较快的重点要素的年度动态更新,为国民经济各行业的发展提供现势性高的、更加丰富的基础地理信息服务。

(二)整合资源、充分利用

充分利用国家、地方、专业部门和社会多方面的地理信息资源对数据库进行更新。"十一五"期间,利用省测绘地理信息局1:1万数据库成果成功缩编更新了3000余幅1:5万数据,为此次更新提供了成功的借鉴。国家测绘地理信息局在2013年全面启动了1:1万数据库的整合升级,实现了1:1万数据库与1:5万数据库的协调一致。全国第一次地理国情普查成果也为数据库的动态更新提供了良好的更新资源。因此,应优先采用全国1:1万数据库整合升级成果、地理国情普查成果等进行1:5万数据库更新,以国家与地方联动更新的方式实现对1:5万数据库的动态更新生产,促进国家与地方地理信息资源的共建共享。

(三)增量更新、集成管理

在现有数据库更新技术框架基础上,进一步设计增量更新技术路线及方法,提高更新生产、质量检查,以及数据建库的工作效率;设计建立要素级多时态数据库的存储管理模型,对多尺度、多产品、多版本的基础地理信息数据进行集成建库,并升级完善数据库管理系统和服务系统,实现国家基础地理信息数据库的动态管理与快速服务。

(四)协同更新、多库联动

以全面落实《国务院关于加强测绘工作意见》为指导,通盘考虑测绘事业发展全局,合理规划安排,以1∶5万地形数据库动态更新为突破点,注重与1∶1、1∶5万、1∶25万、1∶100万数据库更新的衔接,同时兼顾与地形图制图、数字高程模型的更新联动,避免重复建设,降低生产成本。

(五)统一组织、分区负责

为保证全国测绘更新工作"一盘棋",应统一规划和设计工程建设框架,制定任务分解方案和工作计划,明确管理单位、组织单位、参与单位各自的建设任务与要求。按照制定的统一标准和技术要求,以网格化更新生产组织模式优化生产结构,完善建立动态更新的生产组织模式,各承担单位负责各自责任区域的更新生产,坚持科技推动,提高生产效率。

二、总体技术思路

"十二五"开始,面向我国基础地理信息持续快速更新的迫切需求,采用既继承又发展的设计思想进行动态更新总体技术设计,充分利用当前先进成熟的3S(全球导航卫星系统、遥感、地理信息系统)及计算机技术,研究设计适用于规模化工程应用的技术方法,集成研制高效实用的技术系统,制定一整套动态更新标准规范,形成满足大规模快速更新生产需求的业务体系,支撑我国基础地理信息的多尺度、多类型数据库的持续快速更新。

国家基础地理信息数据库动态更新的总体思路是以1∶5万地形数据库为基础数据库,其他尺度和类型的数据库为派生数据库,首先开展基础数据库的快速更新工作,在其更新基础上再通过跨尺度、跨类型联动更新技术,快速更新其他派生数据库,最后集成构建多尺度、多类型、多版本数据库并实现管理服务。总体思路如图2-1所示。

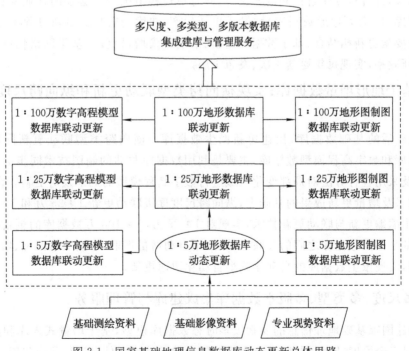

图2-1　国家基础地理信息数据库动态更新总体思路

就具体的技术思路而言,动态更新总体技术路线如图 2-2 所示。

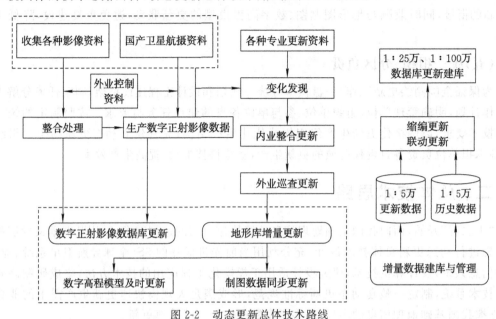

图 2-2　动态更新总体技术路线

(一)通过结合内业整合与外业巡查调绘,完成数字正射影像数据库更新与地形库增量更新

收集利用最新的基础影像资料、基础测绘资料和专业现势资料,整合更新多分辨率数字正射影像数据库,并进行变化解译和内业整合,同时视资料情况开展必要的外业巡查和调绘,完成基础数据库(1∶5 万地形数据库)增量式更新生产、建库与管理。更新过程中,采用重点要素更新与全要素更新相结合、基于数据库更新、基于要素增量更新、基于网格化更新等技术方法,加快更新效率,实现每年更新 1 次、发布 1 版。

(二)基于地形增量数据库,实现横向跨类型联动更新和纵向跨尺度逐级联动更新

利用更新后的基础数据库,快速更新派生数据库。横向跨类型联动更新同尺度的地形图制图数据库和数字高程模型数据库,主要是利用数据库驱动的制图技术同步更新地形图制图数据,以及采用各种方法对局部变化区域进行数字高程模型的局部及时更新。在 1∶5 万数据库已有成果及增量更新成果的基础上,纵向跨尺度逐级联动更新 1∶25 万和 1∶100 万地形数据库,采用缩编更新与联动更新技术,实现对 1∶25 万、1∶100 万数据库的更新与建库。更新过程中,基于不同数据库之间的关联关系,采用自动增量提取、空间要素匹配、增量智能整合等技术方法,实现派生数据库的自动化或半自动化快速更新。

(三)多尺度、多类型、多版本数据库集成建库与管理服务

统筹构建国家基础地理信息的要素级多时态数据库模型,基于增量式入库和版本式建库两种模式,对三个尺度、四种类型、多个现势性版本的基础地理信息进行集成建库,实现国家基础地理信息数据库的动态管理和在线服务。

三、技术流程与方法

在多分辨率影像数据整合更新的基础上,充分利用各种成果资料,进行变化分析与检测,开展 1:5 万数字高程模型、地形数据库更新,以 1:5 万地形数据库更新为基础,联动更新全国 1:5 万地形图制图数据库,并实现对全国 1:25 万、1:100 万数据库的更新。主要的技术流程与方法如图 2-3 所示。

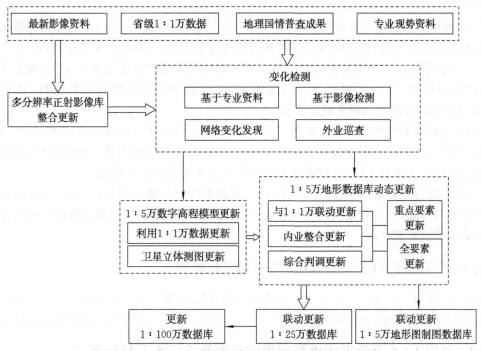

图 2-3　基础地理信息数据库动态更新总体技术流程与方法

(一)以国产卫星影像资料为主生产正射影像数据,并收集整合地理国情普查等多源影像数据建立多分辨率数字正射影像数据库

根据国家基础地理信息数据库动态更新的需要,以国产资源三号、天绘一号卫星影像为主生产正射影像数据,充分利用已有资料源,包括已有数字正射影像成果、矢量数据、控制点数据、空中三角测量加密成果等,结合卫星影像高精度姿态轨道参数等资料,采用稀少(无)控制的遥感影像测图、并行处理模式快速处理等技术实现海量影像数据的数字正射影像图快速生产。同时,收集整合现有的地理国情普查、省级基础测绘、数字城市等多源数字正射影像数据,对各种不同来源、不同时相、不同分辨率的影像进行规范化处理,建立多分辨率、多时相的正射影像数据库。

(二)利用地理国情普查数字表面模型成果、新版 1:1 万数据或卫星立体影像更新 1:5 万数字高程模型

1:5 万数字高程模型数据库更新生产先根据资料确定更新变化区域,获取更新区域的更

新资料源。对于有地理国情普查数字表面模型成果覆盖的区域,采用内业整合更新;对于有最新1∶1万地形数据覆盖的区域,采用缩编内插更新;对于没有符合要求的地理国情普查数字表面模型成果、1∶1万地形数据覆盖的区域,则主要采用资源三号、天绘卫星立体影像进行立体测图更新。

(三)优先利用1∶1万数据库整合升级成果进行联动更新,充分利用地理国情普查成果进行整合更新,必要时采用影像综合判调更新,实现1∶5万地形数据库动态更新

1∶5万地形数据库的更新主要是要综合分析可利用的资料源,采用重点要素更新与全要素更新相结合的方式进行更新,重点要素现势性达到1年内,一般要素现势性达到5年内。

(1)优先采用1∶1万数据库联动更新。对于具有满足现势性要求的1∶1万数据覆盖的区域,优先采用1∶1万数据库整合升级成果,辅以最新遥感影像与现势资料,联动更新1∶5万地形数据库的重点要素或全要素。

(2)充分利用地理国情普查成果进行内业整合更新。与地理国情普查工作相结合,由国家测绘地理信息局统一协调,充分利用普查成果资料,辅以最新遥感影像与现势资料,采用内业整合更新的技术方法对1∶5万地形数据库进行全要素或重点要素更新。

(3)基于影像综合判调更新。不满足1∶5万数据库更新要求的1∶1万数据或地理国情普查成果资料区域,则主要采用收集专业现势资料、内业影像判读、外业巡查调绘更新方法进行全要素或重点要素更新。

(四)利用地形数据库快速联动更新制图数据库

在1∶5万、1∶25万、1∶100万地形数据库更新后,从地形数据库提取更新增量信息,基于数据库驱动制图技术,快速实现对1∶5万、1∶25万、1∶100万地形图制图数据库的更新。

(五)利用1∶5万数据库更新成果联动更新1∶25万数据库

首先利用最新1∶5万数据库成果,对国家1∶25万数据库进行全面缩编更新,实现数据模型与结构的协调一致。然后在1∶5万地形数据库已有成果的基础上,采用联动更新技术,实现国家1∶25万地形数据库更新。

在更新后的1∶25万数据库基础上,利用数据库驱动制图技术生产1∶25万地形图制图数据,利用等高线内插技术更新1∶25万数字高程模型数据库。

(六)利用1∶25万数据库更新成果联动更新1∶100万数据库

首先利用最新1∶25万数据库成果,对国家1∶100万数据库进行全面缩编更新,实现数据模型与结构的协调一致。然后采用1∶25万数据库增量更新成果,实现1∶100万数据库的联动更新。

在更新后的1∶100万数据库基础上,利用数据库驱动制图技术生产1∶100万地形图制图数据,利用等高线内插技术更新1∶100万数字高程模型数据库。

(七)多时态、多类型集成管理服务

针对多时态、多类型地形数据库特点,为满足数据库管理与服务需求,更新设计数据库集成管理服务系统。通过数据库结构扩充优化,实现对 C/S 架构下的多时态数据库集成管理,提供数据成果的增量入库、查询、分析、分发提供等功能;通过要素级数据管理、多时态数据管理,实现要素更新变化情况分析、历史数据回溯、地图服务发布等功能。

四、主要技术特点

我国国家基础地理信息数据库更新的特征是应需、适时、动态,其总体设计与实践中主要呈现以下几个技术特点。

(一)以年度重点要素更新为主,与全面要素更新相结合,缩短对基础地理信息数据库的更新周期,逐步形成国家基础地理信息数据库动态更新的新模式

国家 1∶5 万基础地理信息数据库是覆盖全国的精度最高的数据库,是我国国家级最重要的基础地理数据库。"十一五"期间,采用全面推掣式更新模式,倾尽全国各方测绘之力,用时 5 年多对其进行了全要素全面更新,使其现势性达到了 5 年以内。然而,全面推掣式更新模式更新周期较长,对于有关国计民生的交通、居民地等变化较快的重要地理要素更新仍显滞后,难以满足应用需求。单纯采用全面更新模式,已不能适应对像我国 1∶5 万数据库这样大规模空间数据库的更新。必须转变模式,将与经济建设和人民生活的关系密切程度、使用频率、变化频率、用户现势性需求等结合起来确定重点要素,对重点要素实现逐年动态更新,一般要素进行定期全面更新。

采用重点更新与全面更新相结合的思路,可以有效加快基础地理信息数据库重点要素的更新速度,缩短更新周期,既能有针对性地优先提供社会急需的地理现势信息,又能兼顾一般要素更新的需要,是形成国家基础地理信息数据库动态更新新模式的重要支撑。

(二)建立不同尺度和类型数据库间的要素级联系,实现数据库之间的联动更新,提高动态更新的自动化程度和效率

现有基础地理信息数据库更新技术偏重于单一尺度、单一类型数据库独立更新,难以满足快速更新需求,因此亟需研发跨尺度、跨类型联动更新技术。此外,2012 年启动的基础数据库动态更新,每年更新 1 次、发布 1 版,也为快速联动更新其他派生数据库提供了有利条件。

通过建立不同数据库之间的关联关系进行快速联动更新,包括"纵向跨尺度"和"横向跨类型"两大类。利用跨尺度地形数据快速缩编、基于自动匹配和增量整合的跨尺度联动更新、基于增量配置的制图数据库联动更新、基于特征提取和增量内插的数字高程模型联动更新等技术,通过多元联动实现了多尺度、多类型数据库的协调统一和相互关联,由此可以基于基础数据库快速联动更新派生数据库,大幅减少重复工作,显著提高更新自动化程度和更新效率,全面提升我国多尺度、多类型数据库的完整性和现势性。

（三）应用网格化更新理念，优化更新生产业务组织模式，建立大责任区更新生产的新模式，提高更新生产管理效率

采用网格化更新的理念，优化组织实施模式，根据区域特点与承担单位的条件，将全国划分为五大更新生产责任区，更新按照生产责任区范围下达生产任务，资料提供将每个生产责任区更新范围的数据作为物理连续的数据集进行提供，每个责任区更新范围的成果数据也作为物理连续的数据集进行汇交。

各承担单位完成本责任区的基础信息数据年度更新，负责资料收集、组织技术设计与生产实施，同时开展生产。在组织更新生产时，责任区内部的更新生产单元可按照责任区自然条件或特点，灵活采用行政区划或者标准分幅等方式划分，采用数据库方式进行更新生产、质检、汇交，可大幅减少数据接边工作量，按照统一更新要求提交更新生产成果。更新生产中可按照行政区划进一步按逻辑划分网格化生产单元，以实现大规模分布式更新生产，进一步提高更新效率。

（四）以现有的数据库为更新底图数据，采用基于数据库更新的方法，构建增量更新技术新模式

面对一年一轮的动态更新需求，摒弃了以往以图幅为单位的数据组织方式，采用基于数据库更新的方法，以现有的数据库为更新底图数据，仅采集更新变化区域的各类要素，形成增量数据包，实现基于数据库的增量更新生产、质量控制、管理维护及发布服务。

与以往的版本式更新不同，动态更新采用增量式更新模式，在更新过程中标定更新变化信息、记录更新状态和更新时间等信息，仅对发生变化的要素进行更新、质检、汇交、建库，大大提高了更新效率，也便于对要素级多时态数据进行建库与动态管理。增量更新方式相比全面更新方式，主要不同在于仅需要对发生变化区域内的要素几何位置、属性及其关系进行更新，因而具有生产成本低、质检与建库效率高、节省存储空间、便于实现数据库的增量式发布服务等优点。

（五）以"十一五"全面更新技术体系为依托，以国产卫星影像为主要的影像更新数据源，集成利用各种技术资源，与自主创新相结合，逐步完善动态更新生产技术系统，加快更新速度

在动态更新过程中，充分发挥利用具有我国自主产权的国产卫星影像（资源三号、天绘、高分系列）的优势，以国产卫星影像为主快速构建全国多分辨率影像数据库，同时充分整合利用现有的数据资源，包括现有的国家级1∶5万数据库成果、各省市基础测绘成果，以及天地图、数字城市建设形成的数据库成果、影像资料，充分收集各种现势资料与专业资料，集成应用多源数据快速整合处理技术，多快好省地实现对数据库的更新。

在"十一五"全面更新的技术体系基础上，要充分吸引利用现代测绘新技术，包括采用网络化更新变化信息搜集分析、基于影像的变化检测技术辅助进行地形要素的变化发现，应用少控制或无控制卫星影像快速正射纠正、海量影像数据并行处理等技术加快影像数据的更新处理，采用基于 LiDAR、合成孔径雷达（SAR）等新技术进行数字高程模型数据库的及时更新，应用数据库驱动技术实现地形图制图数据的同步更新等，不断提高更新技术水平与能力，逐步完善适用于大范围基础地理数据库应需适时动态更新的技术体系。

五、工程组织实施

"十一五"期间,国家测绘地理信息局充分调动各方力量与资源,建立了全面定期更新的组织模式与机制,为基础地理信息数据的全面更新提供了组织保障。为了更好地满足经济社会发展对基础地理信息现势性的要求,"十二五"开始,采取了更新生产责任制的新模式,以网格化组织优化更新生产队伍,大大提高了更新生产效率。

近年来,省级基础地理空间数据库建设与更新发展迅速。1∶1万数据库覆盖范围也在不断扩大,更新速度不断加快,全国1∶1万数据库整合升级基本完成,动态更新可在有条件利用1∶1万数据库联动更新1∶5万数据库的区域积极推进国家与地方的联动更新,逐步形成国家与地方联动更新的新模式。按照更新生产责任区范围下达生产任务,以每个生产责任区更新范围的数据作为物理连续的数据集进行资料提供,每个责任区更新范围的成果数据也作为物理连续的数据集进行汇交。

"十二五"动态更新工作由国家测绘地理信息局统一领导,国土测绘司作为项目主管部门,负责更新工作中的监督管理和重大决策;国家基础地理信息中心负责项目牵头,负责项目的组织实施;陕西、黑龙江、四川、海南测绘地理信息局和重庆测绘院为更新项目的承担单位,负责组织所属的院(分院)、中心等单位分区域开展更新实施工作;各地方省测绘地理信息局分别承担或协助完成本辖区的更新生产任务。

第三章　基础数据库动态更新

我国幅员辽阔，自然条件复杂，各行业应用对自然资源要素信息的现势性要求不同，结合我国国情，基础数据库更新采用了重点要素更新与全要素更新相结合的模式。根据与国家经济建设和人民生活的关系密切程度、要素使用频率、变化频率、用户对要素现势性需求等因素，对要素进行等级划分，将关系密切、需求旺盛、变化频繁的要素划分为等级更高的重点要素。根据优先等级，对重点要素实现逐年动态更新，对一般要素进行定期全面更新。

一、更新特点

基础数据库（1：5 万地形数据库）更新过程中，资料收集要求高，更新技术复杂，工作量巨大，每年更新 1 次、发布 1 版，其更新策略主要有以下特点：①按要素层次划分进行更新；②基于网格化更新；③基于增量更新。

（1）按要素层次划分进行更新。原有基础数据库更新主要采用推帚式分区域更新模式，然而，更新后不同区域的数据现势性不统一，因此按要素等级分层次进行更新，优先更新等级高的重点要素，确保了重点要素更新的现势性。此外，根据要素等级更新，可对不同要素投入不同成本，在一定程度上节省了更新成本。

（2）基于网格化更新。原有基础数据库更新主要是基于分幅进行，全国共有 2.4 万余幅，基于分幅的策略未考虑地理位置特征，更新过程中，同一地理实体被零散划分在不同图幅中，致使更新中对同一地理实体重复采集资料，且图幅间接边工作量巨大。基于网格化更新，可以行政区域为界，综合考虑地理实体的边界及具体区域的社会人文特点，进行更新网格划分，减少更新图幅数量及工作量。

（3）基于增量更新。原有基础数据库更新主要采用面向全要素的推帚式更新模式，更新完成后，需对整幅数据进行汇交并做数据检查，工作量大。现有新模式主要基于要素层次更新，在要素信息采编环节，基于增量采编模式，仅对有变化的区域进行变化发现、信息提取、增量采编，无变化区域不进行采集，仅对有变化的信息进行汇交、检查及建库，减少了工作量。

二、更新内容与要求

根据国民经济建设与社会发展对我国国家基础地理信息数据库的实际需求，基础数据库（1：5 万地形数据库）更新要素内容主要包括定位基础、水系、居民地及设施、交通、管线、境界与政区、地貌、植被与土质、地名 9 个要素大类（其中，重点更新 6 个要素大类）、50 余个要素中类（其中，重点更新 20 余个要素中类）、470 余个要素小类（其中，重点更新 120 余个要素小类），如表 3-1 所示。

表 3-1　基础数据库(1∶5 万地形数据库)更新要素内容

要素大类	要素中类	重点要素	一般要素
定位基础	测量控制点		☆
	数学基础		☆
水系	河流		☆
	沟渠	★	
	湖泊	★	
	水库	★	
	海洋要素		☆
	其他水系要素		☆
	水利及附属设施	★	
居民地及设施	居民地	★	
	工矿及其设施		☆
	农业及其设施		☆
	公共服务及设施	★	
	名胜古迹		☆
	宗教设施		☆
	科学观测站		☆
	其他建筑物及设施		
交通	铁路	★	
	城际公路	★	
	城市道路		☆
	乡村道路	★	
	道路构造物及附属设施	★	
	水运设施	★	
	空运设施	★	
	其他交通设施		☆
管线	输电线	★	
	通信线		☆
	油、气、水输送主管道	★	
境界与政区	国外政区	★	
	国家行政区	★	
	省级行政区	★	
	地级行政区	★	
	县级行政区	★	
	其他区域	★	
地貌	等高线	★	
	高程注记点		☆
	水域等值线		☆
	水下注记点		☆
	自然地貌		☆
	人工地貌		☆
植被与土质	农林用地		☆
	城市绿地		☆
	土质		☆

续表

要素大类	要素中类	重点要素	一般要素
地名	居民地行政区地名	★	
	居民地自然地名		☆
	具有地名意义的企事业单位名		☆
	交通要素名		☆
	纪念地和古迹名		☆
	山名		☆
	陆地水域名		☆
	海洋地域名		☆
	自然地域名		☆
	境界标志		☆

注：★表示该要素中类中含重点更新要素小类或要素子类，☆表示该要素中类不含重点更新内容。

根据地形要素与经济建设和人民生活的关系密切程度、使用频率、变化频率、用户现势性需求等因素，1：5 万地形数据库要素内容划分为重点要素和一般要素。重点要素更新主要包括以下几个方面：

（1）水系。只对重大自然环境变化、水利工程等引起的水系主要要素、大面积水体变化进行更新，如大型水利工程中新建的水库和现有小二型以上水库、大型干渠、堤坝、闸、地震堰塞湖等。

（2）居民地及设施。更新内容主要包括：县（含）以上等级居民地街区及其政府位置，公共服务及设施，新增的、整体迁移及面积变化大的乡镇居民地及其政府位置，新增的大型村落、工矿区。

（3）交通。更新内容主要包括：新修及改道的铁路，高速公路，国、省、县、乡道和专用公路，连接高等级道路及乡镇以上居民地的乡村道路，道路构造物及附属设施，水运设施及空运设施等。

（4）管线。更新内容主要包括：新增的 220 kV 以上大型输电工程高压输电线，新增的国家重点工程，跨省跨区域油、气、水输送管道。

（5）境界与政区。国省地县以上行政境界，以及国家级自然文化保护区、开发区、特殊地区、保税区等发生变化的区界必须更新。

（6）地貌。对城市建设、大型工程、自然灾害等引起的区域性地貌变化进行更新。对区域性地貌变化高差超过 1 个等高距且面积超过图上 1 cm^2 的等高线必须更新。

（7）地名。乡镇（含）以上行政地名，以及重点要素更新后相关地名变更的必须更新；行政村地名发生变化的应尽量收集资料更新。

全要素更新时应对重点要素和一般要素全部进行更新。动态更新后重点要素现势性应达到 1 年内，一般要素现势性应达到 5 年内。

重点要素和全要素更新内容与要求详见附录一"1：5 万地形数据库更新内容与要求"，要素内容及划分详见附录二"1：5 万地形数据库要素选取与更新指标"。

三、资料分析与利用

更新资料的分析与收集是 1∶5 万地形数据库更新的前提和基础,也是决定更新技术路线和方法、成果质量、更新实施效果的关键。除收集现势性满足要求的高分辨率正射影像、立体影像,尽量实现影像全覆盖,为影像判读、数字测图和外业巡查调绘提供保证外,1∶5 万地形数据库更新还应充分利用多种影像资料、最新大比例尺 1∶1 万基础地理信息数据、地理国情普查成果、海岛礁测绘成果,以及水利、交通、国土等各专业部门已有权威成果资料、互联网信息等其他资料,同时利用高分辨率正射影像开展数字测图与外业巡查。

(一)影像资料

影像资料包括从地理国情普查、省级基础测绘、数字城市等多种渠道充分收集的现势性良好的数字正射影像图、航空摄影影像、航天/卫星遥感影像及局部或特殊地区获取的无人机遥感影像资料。

影像数据源以国产的资源三号、天绘一号、高分一号、高分二号卫星影像为主,个别国产影像获取困难地区,可选择类似卫星影像(如 IRS-P5、SPOT5、IKONOS、GeoEye、QuickBird、WorldView 等)替代,或者采用近年的航空影像或无人机遥感影像。主要采用的影像资料源如表 3-2 所示。

表 3-2　可利用基础影像资料源

基础影像数据源情况	分辨率
航空影像	0.2 m
资源三号	全色 2.1 m+多光谱 6.0 m
天绘一号	全色 2 m+多光谱 10 m
WorldView-1	全色 0.5 m
WorldView-2	全色 0.5 m+多光谱 2 m
GeoEye-1	全色 0.5 m+多光谱 2 m
QuickBird	全色 0.6 m+多光谱 2.4 m
IKONOS	全色 1.0 m+多光谱 4 m
Pleiades	全色 0.7 m+多光谱 2.8 m
SPOT5	全色 2.5 m+多光谱 10 m
IRS-P5	全色 2.5 m
日本 ALOS	全色 2.5 m+多光谱 10 m

(二)省级 1∶1 万基础地理信息数据

1∶1 万地形数据库由各省进行建设和更新,其内容涉及 9 个要素大类、近 500 个要素子类,比 1∶5 万地形数据库要素内容更加丰富。此外,1∶1 万地形数据库具有与 1∶5 万地形数据库纵向衔接的数据模型和地理表达模式。满足现势性要求的 1∶1 万地形数据可以用于更新 1∶5 万地形数据,对于现势性满足要求的覆盖区域,优先采用 1∶1 万数据库整合升级成果,辅以最新遥感影像与现势资料,可联动更新 1∶5 万地形数据库的重点要素或全要素。

(三)专业资料

专业资料包括权威部门发布的专业地理信息数据资料和公开出版的图集图册。

1. 权威部门发布的专业地理信息数据资料

权威部门发布的专业地理信息数据资料是1∶5万地形数据库更新的重要资料源,可以提高更新工作的效率并保持数据的权威性,主要包括:水利部的水利普查成果,河流和湖泊水库代码资料;交通部的道路数据,道路名称和编码资料,铁路线路、车站的名称和编码资料;民政部及各级民政机关的行政区划变更通知,地名变更通知,行政区划变更勘界成果,行政区划名称和代码资料,石油天然气部门的管道资料,电力部门的电力线资料,电信部门的光缆资料;农业部门、林业部门、国土部门的普查资料等。

2. 公开出版的图集图册

公开出版的图集图册是1∶5万地形数据库更新的参考资料源,可为相关要素的位置确定和属性采集提供信息。公开出版的图集图册的选择和收集应注意资料的可靠性,选择信誉度好的出版社和系列地图产品。

(四)其他资料

其他资料包括全国地理国情普查成果、网上发布的地理信息等。

1. 全国地理国情普查成果

全国地理国情普查成果包括地理国情普查成果和正射影像成果。地理国情普查项目于2015年完成全国范围普查,完成的正射影像和普查成果数据现势性满足1∶5万地形数据库更新要求。普查成果包含的地表覆盖数据含有水系、居民地、交通、境界等地理信息,可以用于内业整合更新1∶5万地形数据;正射影像成果分辨率优于1 m,可用于数字测图更新1∶5万地形数据。

2. 网上发布的地理信息

网上发布的各类地理信息具有内容全面、现势性好、获取方便的特点,但同时存在可靠性不确定的问题,需要进行信息排查。网上发布的各类地理信息可为相关要素的位置确定和属性采集提供信息。

四、主要作业流程

1∶5万地形数据库更新的前提与基础是资料收集与变化发现,主要方法是收集利用省级1∶1万地形数据、地理国情普查成果、最新的遥感影像、专业部门现势资料等,辅以网络地理信息进行内业变化发现与分析,并结合外业巡查,综合确定要更新的变化区域与要素类型,开展重点要素更新或全要素更新生产。

(1)重点要素更新。主要采用基于资料与影像的内业整合更新和外业巡查更新相结合的更新方法,获取1∶5万地形要素更新增量数据。对于县级以上居民地范围内的重点要素均应做到外业调绘巡查,其他区域可根据资料情况进行外业重点核查更新。

(2)全要素更新。主要基于可利用的数据资料,采用三种方法进行更新:一是利用现势性满足要求的1∶1万地形数据库进行联动更新;二是利用地理国情普查成果,辅以最新的遥感影像、专业现势资料进行内业整合更新;三是基于最新遥感影像等资料进行综合判调更新。

1:5万地形数据库是国家级多尺度、多类型数据库中的基础数据库,资料收集要求高,更新技术复杂,工作量巨大,"十一五"期间的全面更新耗时五年。针对动态更新"每年更新1次、发布1版"的目标,重点攻克了多元现势资料与网络相结合的变化发现、基于内业整合的增量信息采编、基于外业重点巡查的增量信息判调等主体技术方法,形成了一套基础数据库动态更新技术方法体系,如图3-1所示。

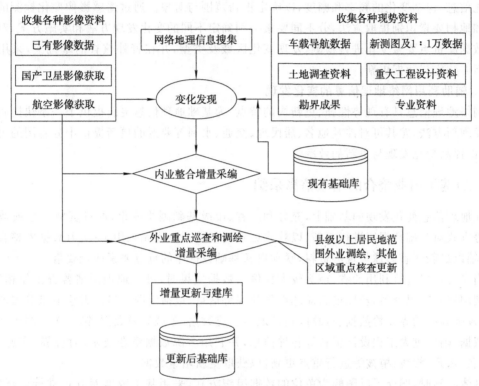

图 3-1 基础数据库动态更新技术思路

有别于传统的版本式更新,国家基础地理信息数据库动态更新采用增量式更新与要素级多时态建库的方式。更新生产中,通过标定更新变化信息,记录更新状态和更新时间,仅对发生变化的要素进行更新、质检、汇交,大大提高了更新效率。成果建库中,构建要素级多时态数据库模型,为每个要素创建唯一要素标识码、更新状态、要素版本等信息,实现不同版本之间同名要素的自动关联,建库时只将增量数据入库,没变化的部分不入库。多版本数据库里,最新版数据库存储一个全集,其他版本数据库存入历史数据库。历史数据库中只存储变化增量,降低数据冗余。新旧版本间具有关联,便于变化提取和统计分析。

(一)基于现势资料与互联网信息的变化发现

变化发现是基础地理信息数据库更新的重要环节,其结果对更新效果产生直接影响。基础数据库动态更新采用了多元现势资料与网络信息相结合的更新变化发现方法,主要是综合分析收集的各种专业现势性资料及对地形要素影响较大的重大工程设计资料、影像资料,并结合网络地理信息,在已有的数据库成果基础上进行变化分析检测,以确定需要更新的区域或要素。

1. 专业部门资料的评估与变化检测

收集各专业部门最新发布的铁路和公路变化、地名变更、境界区划变更、大型工程建设、灾害重建等现势资料,分析重点要素位置及属性变化情况,结合要素现势性指标要求,确定更新区域和要素类型。

2. 基于影像的变化分析与检测

在已有更新数据库成果的基础上,利用符合更新要求的遥感影像,通过对比分析,提取地表变化信息,包括变化的频率和幅度,以确定更新范围与对象。通过遥感影像变化检测的技术方法和地物要素识别提取方法,分不同要素类别确定不同的变化发现方法和实施方案,对已有基础数据库重点要素变化进行检测,发现变化区域及类型,并在野外核查的基础上,采用相应的更新方法完成数据更新。

3. 辅助利用网络地理信息的变化发现

网络地理信息具有现势性强、更新快的特点,为基础地理信息更新提供了一条快捷省力的变化发现新方法,尤其可对涉及地名、居民地、交通、水利等要素的更新提供十分有用的更新线索,从而提高变化发现与更新的效率。

(二)基于内业整合的增量信息采编

在地理信息变化发现的基础上,充分利用省、市级基础测绘成果,通过资料编绘或数字化缩编等方式对基础数据库进行更新,以获取更新增量数据。优先采用1:1万数据库整合升级成果,辅以最新遥感影像与现势资料,联动更新基础数据库的重点要素或全要素。

当没有可以直接利用的省、市级较大比例尺数据成果时,可与地理国情普查工作相结合,充分利用普查成果资料,辅以最新遥感影像与现势信息,包括资源三号或天绘卫星等国产卫星影像、各级界线勘界联检数据、行政区划及地名变更数据、车载导航数据、第二次全国土地利用调查数据、国家重大工程设计资料等各种信息,并利用多源数据整合技术,对境界、交通、居民地、地名、水系、管线、植被等进行重点更新,以获取更新增量数据。

具体实施时,摒弃了以图幅为单位的数据组织方式,采用基于数据库方式进行更新生产、质检、汇交,大幅减少数据接边工作量。更新生产中,还按照行政区划进一步按逻辑划分网格化生产单元,以实现大规模分布式更新,进一步提高更新效率。

(三)基于外业巡查调绘的增量信息采编

在内业整合更新的基础上,对县级以上居民地区域,以及重大工程、自然灾害所引起的显著变化区域进行外业巡查和调绘,即与内业影像判读相结合,到实地核查、实测需要更新要素的几何位置及其相关属性;对其他区域,可根据资料与影像情况进行重点核查,补测专业部门权威资料、影像资料及其他资料无法满足更新要求情况下的地理要素的位置及属性。

五、重点要素更新技术

基础数据库重点要素动态更新主要基于资料与影像的内业整合更新和外业重点巡查更新相结合的更新方法,获取1:5万地形要素更新增量数据。对于县级以上居民地范围内的重点要素均应做到外业调绘巡查,其他区域可根据资料情况进行外业重点核查更新。更新技术路线与方法如图 3-2 所示。

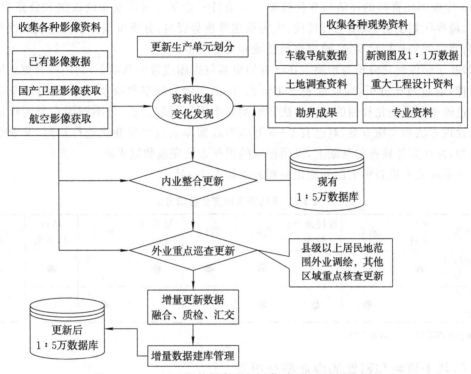

图 3-2　1∶5 万地形数据库重点要素更新技术路线与方法

（一）更新生产单元划分

承担单位可根据任务分工把大责任区分解成若干更新生产单元，可以按照行政区域划分，也可以按照 1∶100 万、1∶25 万、1∶5 万标准图幅范围划分，或者根据地形要素分布区域特征、更新资料源、生产条件等因素按照自定的格网单元划分。生产单位根据细分后的更新生产单元完成专业技术设计、资料、技术等准备后开展更新生产作业。在数据更新生产过程中对发生变化的要素进行更新，并标定所更新的要素及其更新状态（新增、修改、删除）、更新时间等信息，以便更新生产完成后仅提交增量数据。更新生产单元逐级划分及更新生产流程如图 3-3 所示。

（二）资料分析与变化检测

综合分析收集的各种专业现势性资料及对地形要素影响较大的重大工程设计资料、影

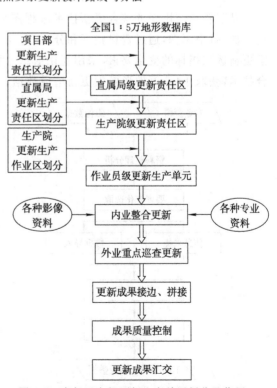

图 3-3　责任区内部更新生产单元划分及作用

像资料,在已有的数据库成果基础上进行变化分析检测,确定需要更新的区域或要素。

(1)专业部门资料的评估与变化检测。收集各专业部门最新发布的铁路和公路变化、地名变更、境界区划变更、大型工程建设、灾害重建等现势资料,分析重点要素位置及属性变化情况,结合要素现势性指标要求,确定更新区域和要素类型。

(2)基于影像变化分析与检测。在已有的更新数据库成果的基础上,利用符合更新要求的遥感影像,通过对比分析,提取地表变化信息,包括变化的频率和幅度,以确定更新范围与对象。通过遥感影像变化检测的技术方法和地物要素识别提取方法,分不同要素类别确定不同的变化发现方法和实施方案,对已有1:5万地形数据库重点要素变化进行检测,发现变化区域及类型,并在野外核查的基础上,采用相应的更新方法完成数据更新。

针对不同要素更新可采用的变化检测方法如表 3-3 所示。

表 3-3　不同要素的变化检测方法

要素分类	定位基础	水系	居民地及设施	交通	管线	境界与政区	地貌	植被与土质	地名
专业资料变化分析	●	○	○	●	●	●		●	●
影像变化分析		●	●	●			●	○	

注:●为基本适用,○为部分适用。

(三)基于资料与影像的内业整合更新

基于资料与影像的整合更新技术流程图如图 3-4 所示,收集专业部门权威资料和各种卫星影像、航空影像,通过资料整理和分析,对变化要素进行分析选取,确定符合1:5万地形要素更新选取指标的变化要素,采用变化信息采集、数据导入、数据重组、关系协调等多源数据整合技术,获取1:5万地形要素更新增量数据。

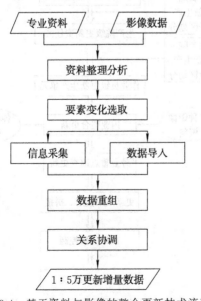

图 3-4　基于资料与影像的整合更新技术流程

优先利用各省、市基础测绘成果,以及天地图、数字城市建设相关的地形数据更新资料、成果,通过资料编绘或数字化地图缩编更新等方式对1:5万地形数据的各类重点要素进行更新,获取1:5万地形要素更新增量数据。

在无直接可利用省级或市级较大比例尺数据等更新成果时,应尽可能先利用所收集的最新影像资料和专业现势资料,包括资源三号、天绘卫星、高分一号、高分二号等国产卫星影像、各级界线勘界联检、行政区划和地名变更、车载导航数据、历次全国土地利用调查成果、国家重大工程设计资料等各种信息,利用多源数据整合技术,对境界、交通、居民地、地名、水系、管线、植被等进行重点更新。

（四）外业重点巡查更新

对县级以上居民地区域，以及重大工程、自然灾害所引起的显著变化区域所涉及的重点要素进行外业巡查更新，与内业影像判读相结合，到实地核查、实测需要更新要素的几何位置及其相关属性。对其他区域，可根据资料与影像情况进行重点核查，在专业部门权威资料、影像资料及其他资料无法满足更新要求情况下，补测重点要素的位置及属性。综合利用高分辨率数字正射影像图和各种专业资料，在内业影像判读和外业调绘巡查下进行要素变化选取，通过内业数字化采集、全数字化测图、外业量测、外业信息采集和内外业数据协同处理，获取 1∶5 万地形图增量更新数据。野外重点巡查更新技术流程如图 3-5 所示。

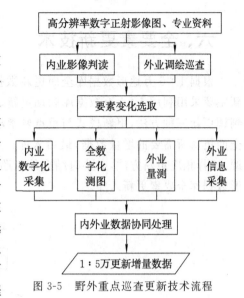

图 3-5　野外重点巡查更新技术流程

（五）各更新生产单元间更新成果增量接边与融合

各责任区内部按照任务划分的生产单元需要按照接边要求完成接边，责任区之间通过双方协商后做好接边处理。在进行接边处理的同时，对要素进行融合处理，以确保数据库中要素的唯一性与完整性。

（六）全过程质量控制

为加强地形重点要素增量更新生产的质量控制，要进行全过程质量控制，严格执行"二级检查、一级验收"制度，对更新责任区完成的增量更新数据，个人、队级（分院）、院级逐级进行 100% 的质量检查和数据修改。经局级检验通过，并经第三方质检机构进行外业与内业检查验收后，汇交项目牵头单位进行 100% 入库检查，以保证地形数据增量更新内容的合理性、正确性、结构一致性。

为保证入库的更新成果正确合理，基础数据库中的要素唯一标识码不得更改，要素更新状态字段项应正确反映要素变化情况，变更要素的更新时间应统一为生产作业时间。

重点要素更新应完整无遗漏，对主要目标要素的位置精度、属性精度、图形取舍与综合、要素关系合理性等进行重点检查。根据质量管理的要求，增量更新成果的每一级工序都由专人负责并签字确认。如果在检查中发现错误，如遗漏重点要素更新、更新出现重大错误（如国界、行政区名等）、应到达作业现场进行调绘而未到达、数据采集与调绘不符合增量更新要求导致无法入库等，应及时发回原生产单位修改补测直至符合质量要求。

增量更新生产数据通过局级检验后，在更新成果汇交中将外业巡查更新的实施轨迹数据、成果检查报告、检验报告一同汇交。在汇交、入库检查时发现具有重大错误的更新生产数据，将返回生产单位修改直至符合更新要求。

六、全要素更新技术

根据 1∶5 万地形数据库全面更新数据源及资料源的不同,1∶5 万地形数据库全要素更新主要采用利用 1∶1 万数据库联动更新、利用地理国情普查成果整合更新、基于影像的综合判调更新三种方法,更新模式与重点要素动态更新相同,也采用增量更新模式,获取地形要素全面更新所需要的增量数据,最后入库。技术路线如图 3-6 所示,根据所获取和收集的资料源,选择相应更新方法,必要时结合外业巡查,更新过程中严格把握质量控制,完成 1∶5 万地形数据库全要素更新入库。

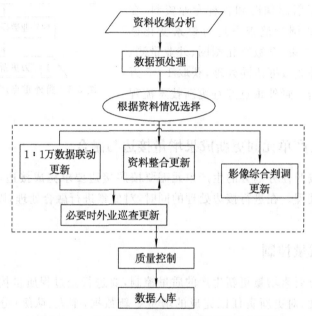

图 3-6 1∶5 万地形数据库全要素更新技术路线

(一)利用 1∶1 万地形数据库进行联动更新

分析全国整合升级后的 1∶1 万数据库,选取现势性满足 1∶5 万数据库更新要求的数据作为更新数据源,与 1∶5 万数据库进行变化检测,提取变化信息,采用制图综合与数据整合集成的技术方法,生产 1∶5 万地形更新数据。

1. 生产流程

利用 1∶1 万数据更新 1∶5 万地形数据的生产流程如图 3-7 所示。

利用 1∶1 万数据库进行联动更新的方法主要是以 1∶5 万地形数据为基础,与 1∶1 万地形数据叠加进行变化检测,提取增量,综合编辑变化要素。同时综合应用遥感影像数据或其他现势数据补充采集部分要素内容,对局部变化的地物进行补充更新,最终获取符合 1∶5 万地形数据更新要求的数据。

用于联动更新的 1∶1 万矢量地形数据现势性应满足要求,其数据内容和属性信息等应能够满足 1∶5 万地形数据规定的要求。更新使用的 1∶1 万矢量地形数据原则上应毗连成片。数字正射影像数据至少应为 2013 年以后获取的影像数据,可作为更新参考资料,对于地物变化较大的地区,资料的内容和现势性难以满足要求的,应收集近一年的高分辨率影像数据;对于1∶1万矢量地形数据中没有采集的要素内容,可将影像作为基础资料,参考其他专业资料,进行室内判读补充采集。

联动更新数据生产是集变化检测、制图综合与基础数据生产技术为一体的增量数据缩编技术,技术要求高。在数据更新生产中,如何运用制图综合理论和方法确定要素的取舍与表示是整个过程的难点。

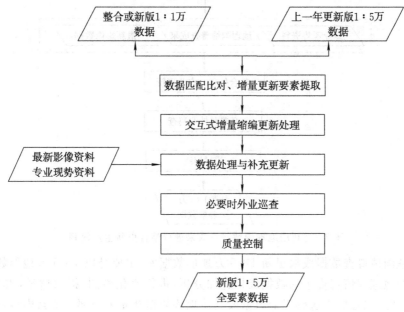

图 3-7　利用1∶1万数据库进行联动更新生产流程

2.质量控制

更新成果按照1∶5万数据规定的要求进行更新生产,针对1∶1万更新使用的资料和技术方法的特点,在质量控制方面需要特别强调和要求的内容如下:

(1)对1∶1万数据及资料的质量要求。1∶1万数字线划图应是省级基础测绘正式成果,也是经过整合升级后的数据成果。其应符合全国1∶1万地形数据规范与生产技术规定在数据内容、现势性、数据精度、数据质量等方面的要求。

(2)更新成果的质量要求。联动更新的1∶5万地形数据成果,应符合1∶5万数据规定的要求。对不能达到1∶5万数据规定要求的要素内容,应使用各种专业资料进行补充,对于仍然无法满足1∶5万数据规定要求的要素内容,需要经过1∶5万更新工程项目部批准后,方可生产实施。联动更新由于需要对内容详细的1∶1万数据进行综合取舍,因此要素综合指标、要素选取指标的确定是质量检查与控制的重点。联动更新方法生产的成果、要素关系表示正确性的检查也是质量控制的重点内容。

(3)质量控制技术方法。联动更新数据质量控制采用1∶5万质量控制软件,通过软件对更新数据整体质量进行控制,同时采用常规人工对照检查、人机交互检查、回放图辅助检查等技术方法和手段。不同的检查方法具有各自的优势,而且通常需要组合使用。检查时需要根据不同的要素或内容,选择合适的方法。

(二)利用地理国情普查成果进行整合更新

1. 生产流程

利用地理国情普查成果更新1:5万地形数据的作业流程如图3-8所示。

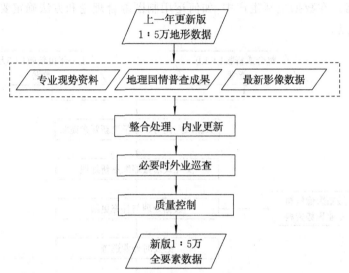

图 3-8　利用地理国情普查成果进行整合更新生产流程

利用地理国情普查数据成果更新1:5万地形数据库,主要是以1:5万地形数据为基础,与相应区域的地理国情普查中的数据成果叠加分析,进行变化检测,提取增量,内业编辑更新变化要素。同时,综合应用遥感影像数据或其他现势数据补充采集部分要素内容,对局部变化的地物进行补充更新,必要时进行外业核查与调绘补充更新,最终获取符合1:5万地形数据更新要求的数据。

所采用的基本数据源应为最新的地理国情普查数据成果资料,其数据内容和属性信息等应能够满足1:5万地形数据规定的要求,更新使用的成果资料原则上应毗连成片。生产时使用的数字正射影像数据为最新获取的影像数据,可作为更新参考资料。对于地物变化较大的地区,更新资料的内容和现势性难以满足要求的,应收集近一年的高分辨率影像数据;对于地理国情普查数据中没有采集的要素内容,可利用影像为基础资料,参考其他专业资料,进行室内判读补充采集。

2. 质量控制

更新成果按照1:5万数据规定的要求进行更新生产,其质量要求与1:5万综合判调更新对更新成果的要求基本一致。针对更新使用资料和技术方法的特点,在质量控制方面需要特别强调和要求的内容如下:

(1)对地理国情普查成果资料的质量要求。其应符合地理国情相关技术标准,满足1:5万地形数据库更新在数据内容、现势性、数据精度、数据质量等方面的要求,同时在数据的组织与存储、坐标系统、数据格式、拓扑关系、属性内容等方面应符合规定。

(2)更新成果的质量要求。更新后的1:5万地形数据成果,应符合1:5万数据规定的要求。对不能达到1:5万数据规定要求的要素内容,应使用各种专业资料进行补充。

(3)质量控制技术方法。更新数据质量控制采用1:5万质量控制软件,通过软件对更新数据整体质量进行控制,同时采用常规人工对照检查、人机交互检查、回放图辅助检查等技术方法和手段。不同的检查方法具有各自的优势,而且通常需要组合使用。检查时需要根据不同的要素或内容,选择合适的方法。

(三)基于影像的综合判调更新

综合判调更新采用一体化的更新作业原则,统一内业和外业作业的技术指标、综合表达、采集指标等,便于生产的组织实施与工作效率的提高。综合判调更新集成了内业判绘和外业调绘两种工作方式,内业作业成果是外业调绘的基础和引导,外业调绘与补调、补测是对内业成果的修正与补充。通过内外业作业生产和融合整理,形成最终的综合判调更新成果。采用综合判调更新的大部分数据可以通过基于正射影像的内业判绘手段获取,然而部分地物要素的属性信息和变化较快的地物难以通过室内判绘得到,需要以调绘片或者移动设备机助辅助的方式,进行人工外业调绘和补调、补测地物要素信息。

1. 生产流程

1∶5万地形数据库综合判调更新以正射影像和新版地形图为主要更新源,辅以更新所需各行业的交通、地名、勘界、水利、电力、通信等专业数据,采用室内判绘和野外调绘相结合的方法,并在生产和成果验收过程中严格执行相关质量控制标准和验收标准,形成最终的更新成果,具体生产技术流程如图3-9所示。

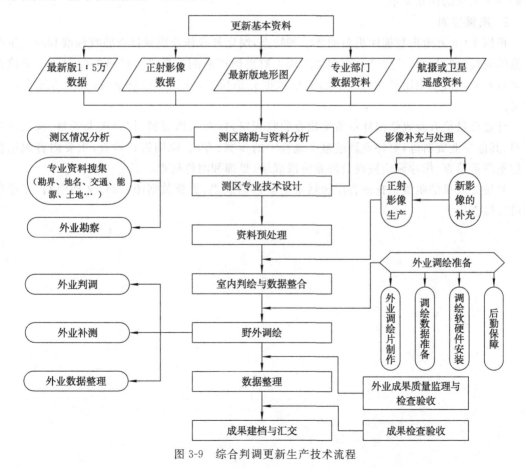

图 3-9　综合判调更新生产技术流程

（1）资料收集分析与技术设计。收集更新所需基本资料（包括数字线划图、数字正射影像图、交通、境界等基础数据资料），在当地有关部门收集交通、能源、地名、电力等专业资料，对照已有的影像资料分析测区地物、地貌的变化情况，对变化区域大、变化程度大的区域提出影像补充定购计划；分析发现测区新增的特征地物、地貌要素等。在资料分析和踏勘的基础上进行技术设计，制定切合实际的生产工艺，明确各环节的技术指标，针对测区的特殊情况，提出处理的原则和表示方法。

（2）内业判读更新。首先进行已有数据的整合，检验已有数据资料的精度、可靠性能否满足要求。如果不满足，则必须对其进行处理，直至符合规定的技术指标。以数字正射影像图为基准，参照最新现势资料进行地物、地貌数据的采集及协调处理。

（3）外业巡查与调绘。对预更新要素的几何位置、相互关系、属性进行核实修改，确保其正确性；对新增要素进行实地补测、补调；处理协调地物之间、地物与地貌之间的相互关系。原则上将补测、补调及修改的要素实体表示在调绘像片或调绘数据上，将地名及说明注记表示在透明片上。调绘像片采用简化符号进行简易清绘，辅以文字说明，交代清楚各要素之间、新旧要素之间的相互关系。

（4）数字线划图更新编辑。在预更新数据的基础上，以数字正射影像图为基底，根据调绘成果资料，对预更新数据进行编辑，对补调的内容进行补采，导入补测的数据并进行编辑。处理好要素之间的相互关系。

2．质量控制

根据1∶5万地形数据库更新的要求和特点，制定外业作业质量检查验收标准和内业生产数据的质检验收规定，从生产过程到最终成果对更新产品的质量进行严格的控制。质量检查需要对外业阶段成果质量和最终更新成果数据分别检查，并对检查对象、检查内容做出详细定义。

外业质量检查验收依据外业质量检查验收规定，针对文档资料、控制成果资料、调绘成果资料、其他专业资料等，对外业调绘整个流程中的步骤、方法、原则进行检查，主要内容包括像片控制测量检查、像片调绘检查及外业阶段成果、整饰和附件检查。

对最终成果的质量检查内容应包括对更新数据成果、更新数据源资料、文档资料、专业资料进行检查。

第四章　派生数据库联动更新

在国家多尺度、多类型基础地理信息数据库中,从尺度上说,1∶5 万地形数据库是基础数据库,1∶25 万和 1∶100 万地形数据库是派生数据库;从类型上看,地形数据是基础数据,制图数据和数字高程模型数据是派生数据。因此,在基础数据库更新后,利用基础数据库(1∶5 万地形数据库)可以快速联动更新 1∶25 万和 1∶100 万地形数据库、1∶25 万和 1∶100 万制图数据库及 1∶25 万和 1∶100 万数字高程模型数据库,以保证更新的时效性。派生数据库联动更新主要分为跨尺度数据库联动更新和跨类型数据库联动更新两大类。

一、更新内容与要求

(一)跨尺度数据库联动更新内容与要求

1. 1∶25 万地形数据库更新内容与要求

覆盖全国范围,共 816 幅。首次更新以 2011 版 1∶5 万地形数据为基本更新资料源,采用联动更新技术方法,对现有 1∶25 万地形数据进行全面缩编更新;之后充分利用逐年 1∶5 万地形数据动态更新增量成果,对 1∶25 万地形数据开展联动更新,保证成果现势性达到最新。建立 1∶5 万与 1∶25 万数据库间的协调一致关系。

2. 1∶100 万地形数据库更新内容与要求

覆盖全国范围,共 77 幅。以更新后的最新版 1∶25 万地形数据库为基本更新资料源,对现有 1∶100 万地形数据库进行全面更新与联动更新,成果现势性与更新后的 1∶25 万地形数据库保持一致。建立 1∶25 万与 1∶100 万数据库间的协调一致关系。

(二)跨类型数据库联动更新内容与要求

1. 地形图制图数据库更新内容与要求

1∶5 万、1∶25 万、1∶100 万地形数据库更新后,相应的制图数据库同步更新,以保持与地形数据库的协调一致。更新后的制图数据应符合图式规范要求,可快速输出打印或出版印刷。

2. 数字高程模型数据库更新内容与要求

对于 1∶5 万数字高程模型数据更新,重点针对重大工程、地震、山体滑坡、大型泥石流等造成的局部地貌变化进行更新;变化面积超过 1 km^2 时,进行局部及时更新。

对于 1∶25 万和 1∶100 万数字高程模型数据更新,分别利用 1∶25 万和 1∶100 万地形要素更新增量数据,提取地貌、水系两大要素类中与地貌特征相关的要素,主要包含 TERP、TERL、HYDA 要素层中的等高线、高程点、湖泊、水库、海域、地面河流等要素。

二、主要作业流程

(一)地形数据库联动更新作业流程

跨尺度数据库联动更新主要针对小比例尺地形数据库的更新需求,利用相邻大比例尺地形数据库增量更新成果,采用联动更新技术方法,对小比例尺地形数据库进行快速更新,其技术路线如图 4-1 所示,主要技术方法包括多尺度地形数据库整合统一、跨尺度地形要素自动匹配和基于增量的跨尺度联动整合。

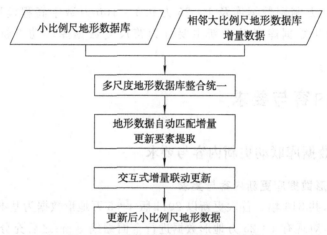

图 4-1　地形数据库联动更新技术路线

1. 多尺度地形数据库整合统一

对全国多尺度下的派生地形数据库进行整合,使其在空间参考、数据模型、分层分类、内容范围、要素分布等方面与基础数据库保持一致,为后续开展多比例尺地形数据之间的联动更新奠定正确和一致的数据基础。

2. 地形要素自动匹配

分别基于多尺度下地形数据库的模型特征,研究建立了相邻尺度间的地形数据关联模型、要素匹配规则、联动整合规则知识库,设计了基于空间计算和属性耦合的自动匹配算法,建立起相邻尺度地形数据库之间的数据衔接。

3. 基于增量要素的联动整合

创建基于大比例尺地形数据库的更新增量联动更新相邻小比例尺地形数据库的智能联动整合算法,建立全数字化环境下的增量提取、自动匹配、增量整合、协调编辑、质量检查等生产技术流程,解决跨尺度地形要素的自动或半自动联动更新的技术问题,支撑全国多个尺度地形数据库的增量联动更新。

(二)地形图制图数据库联动更新作业流程

地形图制图数据库的更新采用与地形数据库联动更新的方法,主要是在地形数据和制图数据一体化数据模型的基础上,利用地形数据库增量更新成果,通过数据库驱动制图技术,采用自动与人工交互相结合的方式,实现多尺度地形图制图数据库的快速更新。其技术思路如图 4-2 所示。

1. 地形数据库与制图数据库一体化模型

将地理要素对象的几何位置、属性、拓扑关系及制图表达一体化融合建模，在地形数据库模型之上，通过扩展关系、逻辑重组、关联关系等建立制图数据库。制图数据库通过地形数据库驱动技术派生，实现地形数据与制图数据统一管理、制图数据随地形数据的同步更新。

2. 地图自动配置和智能优化

基于制图数据库联动模型，利用数据库驱动制图技术，发展适用于地图制图的地图自动配置和智能优化技术，如符号自动配置、注记自动派生、图廓整饰自动创建等；进一步研究实现要素符号及注记的智能优化调整、交互式编辑的方法，以及制图数据库随地形数据库的自动同步。

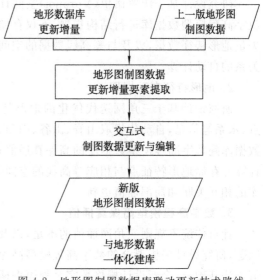

图 4-2　地形图制图数据库联动更新技术路线

3. 基于地形增量联动更新制图数据库

在地形数据库联动更新基础上，根据更新要素的增量标识信息，快速提取地形数据库中的更新增量要素，基于制图数据库与地形数据库的相互关系，利用地图自动配置和智能优化技术，对制图数据库中的相应制图内容进行自动更新，再通过少量人工检核和交互编辑完成制图数据库的快速更新。通过制图联动更新，仅对地形变化要素进行制图更新，充分保留了原有制图成果，并可大幅提高更新工效。

（三）数字高程模型数据库联动更新作业流程

数字高程模型数据库与地形数据库联动更新的主要技术方法包括矢栅关联自动联动、地形特征自动提取、数字高程模型高保真插值等，其技术思路如图 4-3 所示。

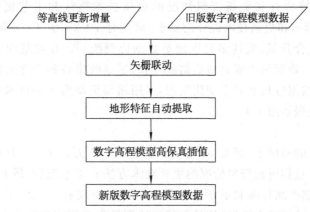

图 4-3　数字高程模型数据库联动更新技术流程

1. 矢栅关联自动联动

研究设计基于沃罗诺伊(Voronoi)空间计算的矢栅混合数字高程模型数据库联动模型,对数字高程模型数据库进行结构扩展,不仅存储数字高程模型栅格数据,还存储自动提取生成的矢量地形特征数据,以及与等高线数据的空间关系信息,实现了矢栅数据混合存储及矢栅关联关系的自动计算。

2. 地形特征自动提取

研究设计基于三角网迭代优化的地形特征提取算法,利用地形数据库中的等高线、高程点、水系等信息,自动化提取山脊、山谷、山顶、谷底、鞍部等地形特征数据点,有效保障由地形数据库到数字高程模型数据库的高保真插值;研究设计基于 Voronoi 图的空间关系计算算法,计算并存储地形特征点与相应等高线的空间关联关系,实现数字高程模型数据库随地形数据库的相互关联和局部插值更新。

3. 数字高程模型高保真插值

针对传统不规则三角网插值的不足,以及地貌平坦和地貌破碎区域的数字高程模型插值问题,研究设计矢栅混合的数字高程模型高保真插值算法。在优化完善矢量不规则三角网插值方法基础上,全新设计栅格数字高程模型插值方法,包括基于距离变换的数字高程模型插值法、基于地形特征的数字高程模型插值算法。前者能保证地形变化的递变性和连续性,特别适用于地貌平坦、破碎地区;后者充分利用了各种水文信息,适用于河渠丰富的地貌平坦、破碎地区。

三、跨尺度数据库联动更新技术

1:25 万、1:100 万地形数据库的数据模型、结构、定义、属性等与 1:5 万地形数据库不一致,首先对 1:25 万、1:100 万地形数据库进行数据模型的改造升级和跨尺度全面缩编更新,然后在此基础上利用年度动态更新的增量成果开展联动更新。

(一)跨尺度全面缩编更新

在调研分析的基础上,开展生产试验,制定和完善相应的地形数据产品标准和更新技术标准,设计针对不同区域特点和更新资料情况的更新技术路线和工艺流程;按照 1:25 万、1:100 万数据产品标准和更新技术设计的要求,对现有 1:25 万、1:100 万地形数据进行结构、定义、属性等的整合升级,实现多尺度地形数据协调统一。在此基础上实施更新生产,以 1:5 万、1:25 万地形数据为主要更新数据源,同时尽量收集各种专业资料、现势资料和最新卫星影像资料,进行数据分析和要素变化发现,采用缩编更新为主的技术方法,对地形数据进行更新。总体技术流程如图 4-4 所示。

1. 技术路线

首先在调研分析的基础上,开展生产试验,制定 1:25 万、1:100 万地形数据产品标准,设计针对不同区域特点和更新资料情况的更新技术方法和工艺流程,研发更新生产软件和质量控制软件;按照数据产品标准和更新技术设计的要求,对现有 1:25 万、1:100 万地形数据库的数据模型与结构进行整合改造,使其与基础地理信息数据库整体框架协调统一。在此基础上,以最新版 1:25 万、1:100 万地形数据为主要更新数据源,采用全面缩编、局部或分要素修编等更新方法,全面缩编更新 1∶25 万、1∶100 万地形数据,提升数据的现势性;将更新成果数据导入数据库,并进行库内数据整合优化,完成 1∶25 万、1∶100 万数据库的全面更新;开发数据库管理系统,实现 1∶25 万、1∶100 万数据库集成管理服务。

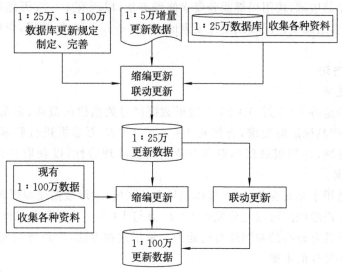

图 4-4　1∶25 万、1∶100 万地形数据库更新总体技术流程

1)产品标准制定与数据模型改造升级

依据相关国家和行业标准规范,参考现有 1∶25 万、1∶100 万地形数据的内容、结构,遵循国家基础地理信息数据库数据模型与结构、数据库建库整体设计理念,对 1∶25 万、1∶100 万地形数据的数学基础、要素和属性内容、要素选取与表示原则、产品规格、现势性、数据分层及组织、属性定义、数据格式、数据库组织结构等进行设计,制定产品标准。

按照产品标准的要求,对 1∶25 万、1∶100 万地形数据的要素和属性内容、数据层定义、属性定义、要素分层组织、数据格式、数据库组织结构等进行改造,实现 1∶25 万、1∶100 万地形数据的结构重建和内容整合,使其与国家基础地理信息数据库整体数据模型和数据库结构协调一致。

2)更新技术设计与缩编更新生产

针对不同区域特点,设计更新生产技术方法、质量控制方法,设计制定切实可行的 1∶25 万、1∶100 万地形要素缩编工艺流程。开展缩编更新软件设计,研发 1∶25 万、1∶100 万地形要素缩编更新生产软件;开展质检软件的功能设计,研发 1∶25 万、1∶100 万地形要素缩编更新成果质量检查软件。

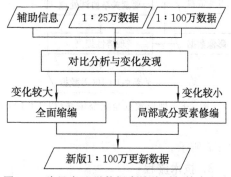

通过信息收集和资料对比分析,确定各区域内要素变化的程度和数据更新内容,选用适用的更新方法。以利用 1∶25 万数据缩编更新 1∶100 万地形数据库为例,缩编更新方法如图 4-5 所示。

图 4-5　跨尺度地形数据库缩编更新技术方法
(以 1∶100 万为例)

　　图 4-5 中以利用 1∶25 万地形数据缩编更新 1∶100 万地形数据为例,说明跨尺度地形数据库缩编更新的技术方法。对于地物变化较大的区域,采用全面缩编更新技术方法,以最新版 1∶25 万地形数据为主要数据源,进行全要素缩编更新,获取 1∶100 万地形要素更新数据。对于地物变化较小的区域,选用局部或分要素修编方法,以现有 1∶25 万地形数据为基础,在变化发现的基础上,缩编变化区域或变化要素的对应 1∶25 万地形数据,获取 1∶100 万地形要素更新数据。

2. 主要技术方法

1) 全面缩编更新

　　全面缩编更新是将 1∶5 万、1∶25 万地形数据经过数据拼接裁切、多余要素和属性删除等初步处理后,按产品标准的要求,直接对 1∶5 万、1∶25 万数据进行要素选取、制图综合、图形化简等缩编处理,并利用最新影像和专业资料提高现势性,以获取符合要求 1∶25 万、1∶100 万更新数据。

　　全面缩编法适用于要素变化普遍、整体差异大的区域,地形数据缩编更新主要采用该方法进行更新生产。全面缩编法可以充分发挥 1∶25 万与 1∶100 万数据模型和结构一致的优势,同时要求作业人员具有较高的制图综合的能力。采用这种方法,应重点控制在整个测区范围内图幅间数据缩编尺度的平衡。

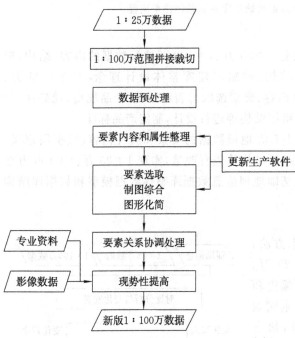

图 4-6　地形数据全面缩编法(以 1∶100 万为例)

全面缩编法的技术流程如图 4-6 所示。

2) 局部或分要素修编法

　　局部或分要素修编法以现有 1∶25 万、1∶100 万地形数据为基础,首先进行数据模型和结构重建、要素内容和属性整合,应用新版 1∶5 万、1∶25 万地形数据、最新卫星影像的数字正射影像图、专业资料数据等对局部或分要素变化的地物进行变化情况的确认,对满足更新指标的要素进行图形编辑、属性修改、补充采集,以获取符合 1∶25 万、1∶100 万更新要求的数据。

　　局部或分要素修编法适用于要素整体变化较小、局部或单一要素差异大的区域。局部或分要素修编法能充分利用现有数据资源,缩编综合工作量相对较少。局部或分要素修编法的技术流程如图 4-7 所示。

3. 技术流程

　　在生产试验的基础上,根据项目技术路线和技术方法,设计 1∶25 万、1∶100 万地形数据缩编更新与建库的技术流程,主要包括四个技术环节:技术设计、更新生产、成果质检和数据建库。技术流程如图 4-8 所示。

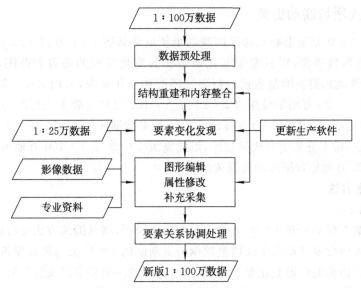

图 4-7　地形数据局部或分要素修编法（以 1∶100 万为例）

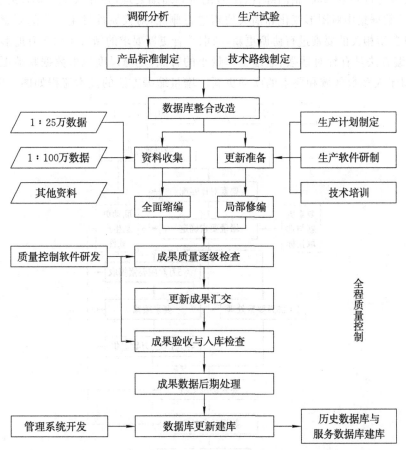

图 4-8　地形数据库缩编更新技术流程（以 1∶100 万为例）

(二)交互式增量联动更新

　　1:25万、1:100万地形数据跨尺度联动更新以最新版1:5万、1:25万地形数据库数据成果为主要更新数据源,以其要素变化增量作为变化发现的来源和范围,利用1:5万、1:25万地形要素动态更新增量数据进行要素匹配和变化发现,采用多尺度联动更新技术方法,利用1:5万、1:25万增量数据对1:25万、1:100万增量要素进行图形和属性更新,并对相关进行协调更新,实现基于1:5万、1:25万地形数据库的1:25万、1:100万地形数据联动更新。在此基础上完成更新成果建库,形成新版1:25万、1:100万地形数据库,并建立与1:5万、1:25万地形数据库的关联关系。

1. 主要技术方法

1)增量缩编方法

　　以1:5万数据联动更新1:25万数据为例进行说明,增量缩编方法是将投影转换和数据裁切后的1:5万地形要素动态更新增量数据与更新前的1:25万地形数据进行要素对比、匹配,确定满足更新指标的图形变化要素、满足选取指标的新增要素以及消失要素和仅发生属性变化的要素,将其作为1:25万地形变化增量要素;将图形变化和新增的1:25万增量要素对应的1:5万要素进行要素选取、制图综合、图形化简等缩编处理,并导入1:25万地形数据集,同时在1:25万数据集中对图形变化和消失要素进行删除,对仅属性发生变化的要素进行属性编辑,对与增量要素相关的要素进行协调更新,获取符合更新要求的新版1:25万地形数据。

　　增量缩编方法具有针对性强、缩编工作量小的特点,是跨尺度地形数据联动更新的主要技术方法,适用于大多数区域和要素的联动更新。增量缩编方法的技术流程如图4-9所示。

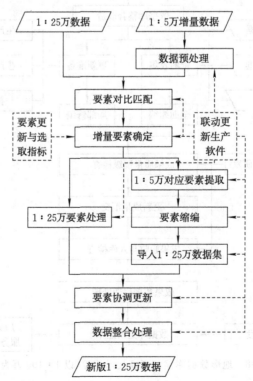

图 4-9　增量缩编更新技术流程(以1:25万为例)

2）直接缩编方法

以 1∶5 万数据联动更新 1∶25 万数据为例进行说明,直接缩编方法是将投影转换和数据裁切后的 1∶5 万地形动态更新增量数据进行要素选取、制图综合、图形化简等缩编处理,再与更新前的 1∶25 万地形数据进行要素对比、匹配,确定满足更新指标的图形变化要素和满足选取指标的新增要素,导入 1∶25 万地形数据集,并在 1∶25 万数据集中删除图形变化和消失要素,对仅属性发生变化的要素进行属性编辑,对与增量要素相关的要素进行协调更新,获取符合更新要求的新版 1∶25 万地形数据。

直接缩编方法适用于地物变化较大区域缩编自动化程度较高的要素类的联动更新。直接缩编法的技术流程如图 4-10 所示。

2.技术流程

1∶25 万地形数据联动更新与建库的作业流程主要包括四个技术环节:技术设计、更新生产、成果质检和数据建库。技术流程如图 4-11 所示。

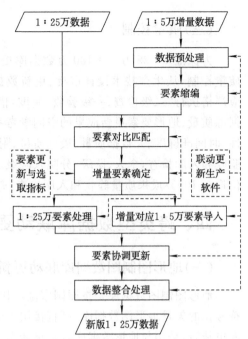

图 4-10　直接缩编更新法(以 1∶25 万为例)

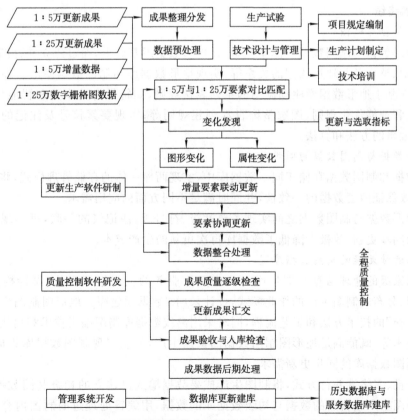

图 4-11　1∶25 万地形数据联动更新技术流程(以 1∶25 万为例)

(三)质量控制

为保证 1∶25 万、1∶100 万数据库更新成果质量符合设计要求,应对数据更新实行全程质量控制,从生产技术设计审批、更新数据源选取、生产过程控制等各个环节进行质量控制。应严格执行"二级检查、一级验收"制度,借助先进的 GIS 技术手段和质量检查软件,对更新数据源质量、地形要素更新成果的空间参考系、成果规格、位置精度、属性精度、完整性、逻辑一致性、时间准确度、元数据质量、表征质量、附件质量、更新数据源质量等内容进行逐级质量检查、验收和入库检查,个人、队级(分院)、院级逐级进行 100% 的质量检查和数据修改,项目牵头单位进行 100% 成果质量验收和入库检查,并组织开展数据修改,确保更新成果的质量。

四、跨类型数据库联动更新技术

(一)地形图制图数据库联动更新

地形图制图数据库是按照国家基本比例尺地形图标准图式,基于相应的地形数据库进行符号化的矢量地形图数据库,可直接用于印刷生产。在 1∶5 万、1∶25 万、1∶100 万地形数据库更新后,采用与地形数据库联动更新方法,主要是在地形数据和制图数据一体化数据模型的基础上,利用地形数据库增量更新成果,通过数据库驱动制图技术,采用自动与人工交互相结合的方式,快速实现对相应的地形图制图数据库的更新。

1. 技术路线

1)基于数据库制图

创建地形数据与制图数据一体化模型,在地形数据库基础上,通过建立并存储制图数据中的符号、注记、整饰及与地形数据的关系等,实现地形数据库与制图数据库的一体化集成并统一管理;建立基于地形数据库驱动制图的系列表达规则,如符号自动配置和智能优化规则、注记自动派生和智能优化规则、图廓整饰自动创建规则等;实现要素符号及注记的自动优化配置、交互式编辑的方法和算法。

2)地形数据与制图数据的同步更新

地形数据和制图数据存储于同一数据库中,实现两库一体的存储管理模式,将大大降低数据冗余,有效保证两套数据的一致性,并同时满足不同方面的应用需求。

由于地形数据与制图数据之间实现了要素级、符号级、注记级的关联,可实现地形数据和制图数据的同步更新,故极大降低了数据库再次更新的生产成本。

3)建立连续无缝的制图数据库

根据国家级的地理信息数据生产与集中建库服务的生产组织现状,设计构建集中式制图数据管理、分布式制图生产的作业模式,设计采用"数据库建库—地形图制图生产—集成管理与同步更新"的技术方法和工艺流程,同时采用离线数据库制图编辑技术和离线数据库信息定向锁定技术等,既能满足地形图制图数据的快速生产,又能实现制图数据库集成建库,满足了地形图制图数据库的同步更新需求。

通过分批、多终端并行方式,将制图生产成果数据输入已建立的初级制图数据库,入库的同时比较制图生产编辑后的数据与初级数据库的数据,用编辑处理过的制图内容替换初级数据库相应内容,完成全部数据入库后,最终形成合格的图库一体化数据库,它既包含制图信息,又包含基础地形数据。经过生产编辑和入库处理后的新版国家地形图制图数据,完成与地形数据一体化后连续无缝地存储于数据库中。

2．技术方法与流程

针对国家基础地理信息数据库的动态更新生产和增量建库管理的技术现状,并考虑未来地形数据、制图数据的一体化存储管理和联动更新的应用需求,提高更新生产效率,国家基本比例尺地形图制图数据库的更新将主要采用与地形数据库联动更新方法进行快速更新。

基于地形数据库联动更新的技术方法是采用基于数据库驱动制图技术,通过建立地形数据和制图数据一体化数据模型、构建基于地形数据库驱动的制图表达规则、设计要素符号及注记的自动调整和智能配置算法,实现地形数据库中重点要素更新后制图数据的自动化更新,再按照图式规范要求进行少量的交互式制图编辑,最终实现相应的地形图制图数据库的快速更新。主要技术路线与方法如图 4-12 所示。

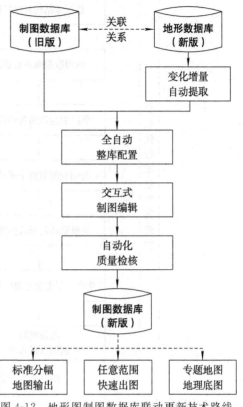

图 4-12　地形图制图数据库联动更新技术路线

1)一体化派生初始建库

通过对地形数据库进行物理结构扩展和逻辑结构重组,并创建维护地形信息与制图信息的关联关系,建立地形数据与制图数据的一体化模型,最终将地形数据和制图数据连续无缝存储于同一数据库中,实现两套数据之间要素级、符号级和注记级的关联。

2)地形—制图增量联动更新

在自动提取地形数据库动态更新的每年变化增量信息基础上,通过建立基于数据库驱动的一系列制图表达规则,包括制图表达逻辑规则、符号自动配置和智能优化规则、注记自动派生和智能优化规则、图廓整饰自动生成规则等,实现制图数据库与地形数据库的自动化联动更新。

地形数据更新成果经过数据库增量建库后,通过数据库驱动的制图表达规则处理,其一体化存储的制图数据库将自动化实现联动更新,快速生成基本符合图式规范要求的地形图制图数据。

基于一体化存储的制图数据库,严格按照图式规范要求,针对地形数据增量更新内容,通过符合注记的自动调整和智能优化,并结合少量的交互式制图编辑,可生成更新版地形图制图数据库。利用两库关联关系、制图编辑过程记录,进行自动化质量检核。

3)制图数据成果的服务和发布

基于更新版地形图制图数据库,可根据需要直接快速输出打印,也可快速生成多种格式的地形图印前数据,交付出版印刷。生产技术流程如图 4-13 所示。

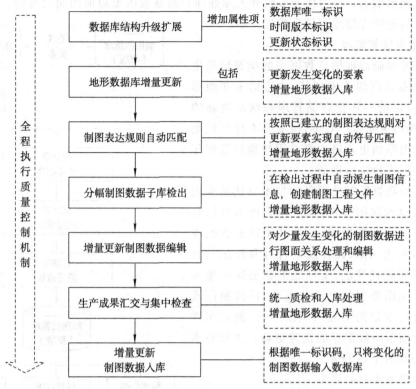

图 4-13　制图数据联动更新生产流程

3. 质量控制

制图数据生产质量控制的对象成果主要包括制图数据、印刷打样、元数据等成果。质量控制的关键内容包括：数据的完整性、正确性，数据文件的名称、分层、格式、数学基础、坐标系等方面的正确性，矢量数据拓扑关系的正确性，位置精度，属性精度，接边精度，相互之间关系的正确性，以及数据的完整性、一致性等。

1) 制图数据成果的检查

(1) 数据的完整性检查主要包括：数据整体覆盖范围，数据量，地形图内容的完整性，图外整饰的完整性、正确性，元数据库和图历簿填写的完整性、正确性等。

(2) 数据的逻辑一致性检查主要包括：要素分层、分色、内容结构与设计书的符合程度，图式和相关技术规定要求，地形要素与制图符号应按照图式规定要求对应，各要素位置关系的合理性及应符合图式、编绘规范、设计书和相关技术规定要求，次要要素避让主要要素，低等级要素避让高等级要素，符号库符号的精确性，符号库中具体图形符号的形状、颜色、大小应符合图式、设计书和相关技术规定要求等。

(3) 位置准确度的检查主要包括：内图廓尺寸、图廓点坐标应符合设计书和相关技术规定要求，方里网尺寸或坐标精度应正确，接边的正确性等。

(4) 专题精度的检查主要包括：各类注记的内容正确性，与数字线划图对照一致，属性值调用正确性，各类注记表达的正确性，注记字体、颜色、大小、耸肩、倾斜等应符合图式、编绘规范、设计书和相关技术规定要求，运用正确性，分级合理性，各类注记位置的合理性等。

(5) 数据的现势性应满足规定的要求。

2)制图数据输出图面检查

制图数据输出图面检查主要包括:图面应符合图式规范的要求,图廓内要素内容应齐全正确,图外整饰应齐全正确,各种符号的运用应正确,图面各种注记和标注应正确,图幅载负量应合理,各数据内容应协调表示等。

3)元数据的检查

元数据的检查主要包括:元数据文件不应缺失,名称应正确,数据应能打开,所有数据项定义应正确、无遗漏或多余,顺序应正确,所有元数据项的值应正确,特别是重点填写内容的正确性。

(二)数字高程模型数据库联动更新

1. 1:5万数字高程模型数据更新

对于1:5万数字高程模型,重点针对重大工程、地震、山体滑坡、大型泥石流等造成的局部地貌变化进行更新;变化面积超过1 km² 时,进行局部及时更新。

1:5万数字高程模型数据库更新优先采用地理国情普查数字表面模型成果进行内业整合更新,也可采用最新1:1万地形数据库进行缩编内插更新;对于没有符合要求的地理国情普查数字表面模型成果、没有1:1万地形数据的区域,则主要采用资源三号、天绘卫星立体测图更新。更新技术流程如图4-14所示。

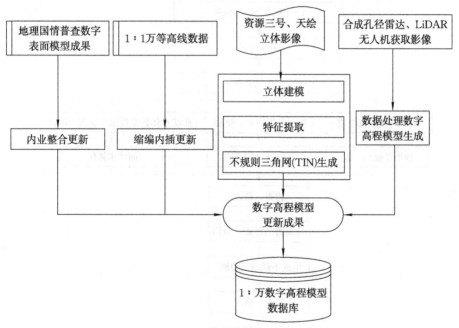

图4-14 1:5万数字高程模型更新技术流程

1)利用地理国情普查数字表面模型成果整合更新

在具有满足更新条件的地理国情普查数字表面模型成果的数字高程模型变化区域,可以采用内业整合处理的技术方法开展1:5万数字高程模型更新,对地理国情普查数字表面模型成果进行整合处理,统一坐标系统和投影方式,按规定格网进行重采样,视情况对地表建筑物和植被进行高程改正,生成更新版的数字高程模型数据。技术流程如图4-15所示。

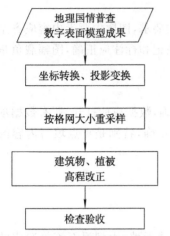

图 4-15　利用地理国情普查数字表面
模型成果更新 1∶5 万数字高程模型

2）利用新版 1∶1 万等高线数据内插更新

在具有满足更新条件的 1∶1 万等高线数据的数字高程模型变化区域，可以采用先综合缩编后内插更新的技术方法开展 1∶5 万数字高程模型更新。首先利用 1∶1 万等高线综合缩编为 1∶5 万等高线，然后在更新后的 1∶5 万地形数据等高线、高程点及水系等特征要素的基础上，同时提取地形特征信息，按照设计的格网大小，采用合适的数学内插方法生成更新版的数字高程模型数据。

在更新生产中，首先合理选用适于各种地貌类型的数学内插算法，快速内插生成精度高、形态逼真的数字高程模型数据。对于大部分地区，可采用构建不规则三角网并通过线性内插生成规则格网数字高程模型数据；对于部分特殊地区，如平原、海岸等地区，可设计栅格内插算法直接插值生成规则格网数字高程模型数据。

为了提高生产效率，对于地形特征信息提取应采用先进高效的提取算法，使用全自动化的软件系统，自动采集地形特征点、特征线，用于数字高程模型内插结果的精化处理。技术流程如图 4-16 所示。

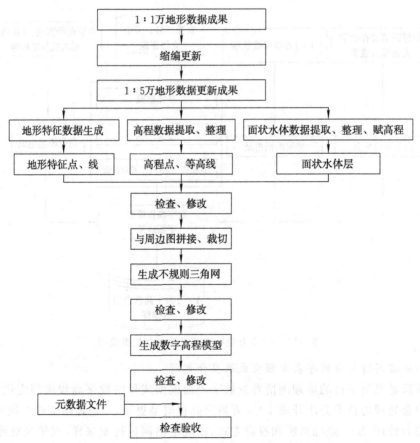

图 4-16　利用 1∶1 万数据更新 1∶5 万数字高程模型

3）利用立体卫星影像测图更新

对于没有满足更新要求的 1∶1 万地形数据的变化区域，主要采用资源三号、天绘等国产卫星获取的立体影像进行 1∶5 万数字高程模型更新生产。

在更新生产数字高程模型时，在具备高精度控制资料区域，可根据控制资料分布情况适当扩充加密分区范围，采用基于有理函数模型（RFM）的大范围稀少控制三线阵联合区域网平差及后续处理方法，生产满足 1∶2.5 万比例尺几何精度要求的数字高程模型产品；在不具备高精度控制资料区域，采用基于有理函数模型的大范围无控制三线阵联合区域网平差及后续处理方法，生产数字高程模型产品。利用立体卫星测图的数字高程模型更新生产技术流程如图 4-17 所示。

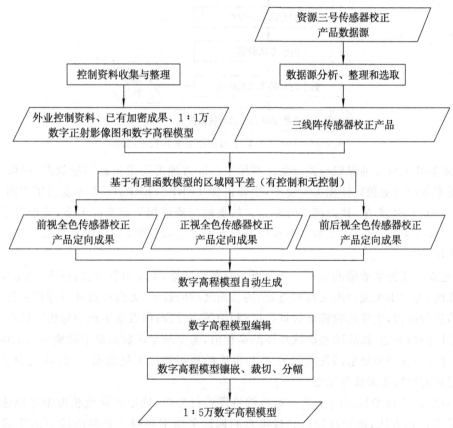

图 4-17　利用资源三号等国产立体卫星影像更新数字高程模型

4）利用其他资料更新

如果更新区域没有满足要求的地理国情普查数字表面模型成果、1∶1 万地形数据、卫星立体影像，也可以搜集其他形式的数据资料，如无人机航摄影像、合成孔径雷达、LiDAR 等资料，采用相应的技术方法更新生成数字高程模型。

2. 1∶25 万数字高程模型数据联动更新

1）更新技术路线

1∶25 万数字高程模型数据更新就是利用 1∶25 万地形要素更新增量数据中的等高线、高程点、面状水体等与地貌相关要素，经检核和预处理后，生成地貌特征矢量数据，并对地貌特征进行分析,确定数字高程模型内插方法,以1∶25万标准分幅为单位,引入与本图幅地貌特征矢量数据的8邻域接边图幅地貌特征矢量数据,按照设计要求的数据范围,内插生产数字高程模型增量数据,在此基础上完成更新成果建库,形成新版1∶25万数字高程模型数据库。更新技术路线如图4-18所示。

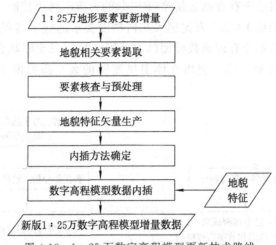

图 4-18   1∶25 万数字高程模型更新技术路线

(1)地貌相关要素的提取与预准备。利用1∶25万地形要素更新增量数据,提取地貌、水系两大要素类中与地貌特征相关的要素,主要包含 TERP、TERL、HYDA 要素层中的等高线、高程点、湖泊、水库、海域、地面河流等要素。核查地貌特征相关要素的关系,处理要素间高程矛盾,剔除高程粗差;建立用于数字高程模型更新的专题数据集,为面状水系层增加记录高程值的属性项。

(2)地貌特征矢量数据的生成。利用更新专题数据集,生成山脊线、山谷线、地形变换线等地貌特征线,并对山头或凹地无高程点处、狭长而缓坡的谷底、无高程点垭口等地貌特征点,提取位置信息和高程,生成地貌特征矢量数据;利用等高线、高程点及生成的地貌特征点,采用不规则三角网内插方法,推算陆地面状水体的高程值,为更新专题数据集中陆地面状水体要素赋高程值,并统一将海域要素高程值赋为 0,与生成的地貌特征矢量数据一起,建立用于数字高程模型更新的貌特征矢量数据集。

(3)数字高程模型数据的生成。对地貌特征进行分析,确定不同地貌类型区域选择的数字高程模型内插方法,地貌高程信息较丰富的地区采用不规则三角网内插方法生成数字高程模型数据,等高线较稀疏、分布较均匀的平原地区采用距离变化栅格内插方法生成数字高程模型数据,等高线、高程点不足的沿海地区及等高线分布不均的地区采用地形特征栅格内插方法生成数字高程模型数据;以1∶25万标准分幅为单位,分析地貌变化区域范围,确定各图幅数字高程模型增量数据生产范围,导入与本图幅地貌特征矢量数据集相接的周围图幅的地貌特征矢量数据集,并进行拼接,采用确定的数字高程模型内插方法,生成数字高程模型数据。

2)作业流程

1∶25万数字高程模型数据的作业流程主要包括三个环节:地貌相关要素预处理、地形特征矢量生成、数字高程模型内插。作业流程如图4-19所示。

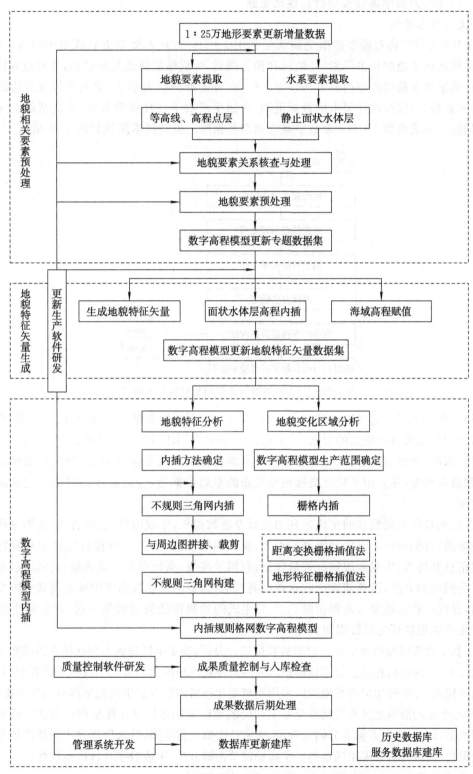

图 4-19　1：25 万数字高程模型更新生产作业流程

3. 1∶100 万数字高程模型数据联动更新

1）更新技术路线

1∶100 万数字高程模型数据更新就是利用 1∶100 万地形要素更新成果中的等高线、高程点、面状水体等地貌相关要素，经检核和预处理后，生成地貌特征矢量数据，并对地貌特征进行分析，确定数字高程模型内插方法。以 1∶100 万标准分幅为单位，引入 8 邻域接边图幅地貌特征矢量数据，按照设计要求的数据范围，内插生产数字高程模型数据，在此基础上完成更新成果建库，形成新版 1∶100 万数字高程模型数据库。更新技术路线如图 4-20 所示。

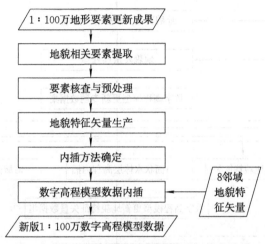

图 4-20 1∶100 万数字高程模型更新技术路线

（1）地貌相关要素的提取与预准备。利用 1∶100 万地形要素更新成果，提取地貌、水系两大要素类中与地貌特征相关的要素，主要包含 TERP、TERL、HYDA 要素层中的等高线、高程点、湖泊、水库、海域、地面河流等要素。核查与地貌特征相关要素的关系，处理要素间高程矛盾，剔除高程粗差；建立用于数字高程模型更新的专题数据集，为面状水系层增加记录高程值的属性项。

（2）地貌特征矢量数据的生成。利用更新专题数据集，生成山脊线、山谷线、地形变换线等地貌特征线，并提取山头或凹地无高程点处、狭长而缓坡的谷底、无高程点垭口等地貌特征点的位置信息和高程，生成地貌特征矢量数据；利用等高线、高程点及生成的地貌特征点，采用不规则三角网内插方法，推算陆地面状水体的高程值，为更新专题数据集中陆地面状水体要素赋高程值，并统一将海域要素高程值赋为 0，与生成的地貌特征矢量数据一起，建立用于数字高程模型更新的貌特征矢量数据集。

（3）数字高程模型数据生成。对地貌特征进行分析，确定不同地貌类型区域选择的数字高程模型内插方法，地貌高程信息较丰富的地区采用不规则三角网内插方法生成数字高程模型数据，等高线较稀疏、分布较均匀的平原地区采用距离变化栅格内插方法生成数字高程模型数据，等高线、高程点不足的沿海地区及等高线分布不均匀的地区采用地形特征栅格内插方法生成数字高程模型数据；以 1∶100 万标准分幅为单位，确定各图幅数据范围，导入周围接边图幅的地貌特征矢量数据集进行拼接，并采用确定的数字高程模型内插方法，生成数字高程模型数据。

2）作业流程

1∶100 万数字高程模型数据的作业流程主要包括三个阶段：地貌相关要素预处理、地形特征矢量生成、数字高程模型内插。作业流程如图 4-21 所示。

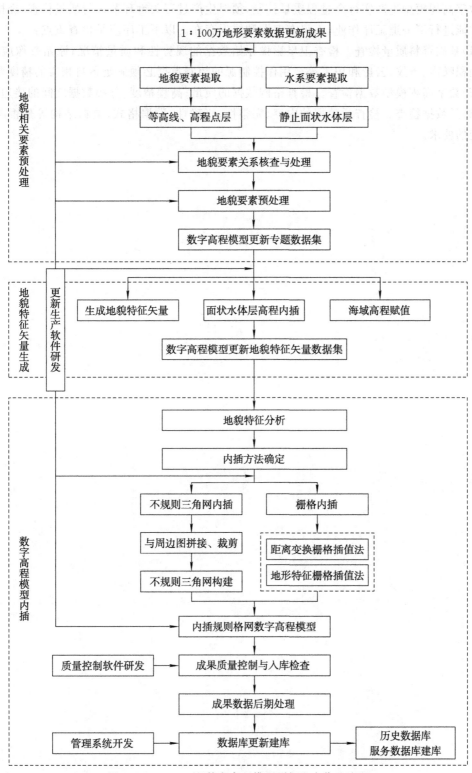

图 4-21　1∶100 万数字高程模型更新生产作业流程

4.质量控制

数字高程模型生产实行全过程质量控制,须对生产过程关键环节进行质量检查,经检查合格后才能进行下一道工序作业,不得有遗漏和错误存在。以下工序应是检查重点:

(1)基础资料质量检查。检查卫星影像原始数据的现势性和质量情况,原始影像应清晰、无大面积噪声、条纹、云影和积雪等。用作控制源的控制数据必须满足各自相应的精度要求。

(2)数字高程模型数据检查。检查格网数据的质量、高程精度、分幅数据之间的接边情况。

(3)元数据检查。检查元数据的内容、完整性、正确性、数据格式、数据结构等是否严格符合规定的要求。

第五章 要素级多时态数据建库与管理

国家基础地理信息数据库动态更新工程中,数据库系统的更新主要采用两种方式:版本式更新和增量式更新。版本式更新是直接对数据库数据进行替换操作,更新时以新的版本全部取代旧的版本。增量式更新是在原有数据库基础上仅对发生变化的要素进行更新。

地形数据库采用增量式更新技术模式,地形要素数据更新后联动更新地形图制图数据库。数字高程模型数据库、正射影像数据库采用版本式更新,数字高程模型数据以图幅为单位,正射影像数据以生产单元为单位,直接用新版本数据替换旧版本数据。

传统基础地理信息数据库更新生产以图幅为基本生产单元,采用版本式建库方式更新,技术方法较为成熟,对数据初始建库比较合适,但版本之间存在大量数据冗余,更无法进行要素及时空分析。针对基于数据库和增量方式的动态更新,更适合采用新型的要素级多时态数据建库与管理技术。

一、要素级多时态数据建库管理思路

要素级多时态数据库的建库与管理的关键是对数据的更新和管理要细化到要素,掌握每个要素产生时间、在要素的生命周期内发生的变化及最后要素的消亡时间。为了实现要素级的管理及多时态数据的存储,需要对数据的更新生产、数据的建库及数据库的管理服务等环节的技术进行重新设计。

(1)采用增量式要素更新建库模式。在数据更新建库环节,更新模式由传统的全面更新转变为增量式更新。数据更新成果只提交变化要素的信息,实现了要素级数据更新建库。

(2)采用要素级多时态数据库模型。在数据库设计环节,一方面需要以传统全面更新的数据库版本作为基础库,对数据库结构进行升级扩展,用于要素级管理所需相关信息的存储;另一方面需要创建历史数据库,用于多时态数据的存储。

(3)实现要素级数据管理和多时态数据服务发布。通过设计开发数据库管理与服务系统,实现更新变化要素分析、历史数据回溯等功能,同时提供多时态在线地图服务数据的发布。

总体技术思路如图 5-1 所示。

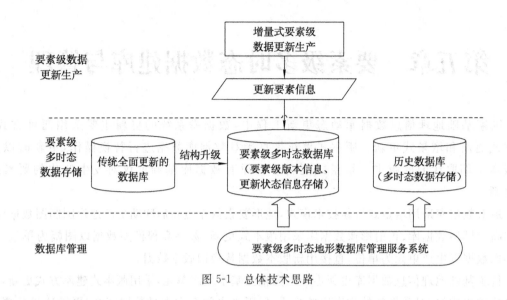

图 5-1　总体技术思路

二、主要技术方法

(一)要素级多时态数据库模型

统筹构建国家基础地理信息的要素级多时态数据库模型,并为每个要素创建唯一要素标识码、更新状态、要素版本等信息,实现不同版本之间同名要素的自动关联。建库时只将增量数据入库,没变化的部分不入库。多版本数据库里,最新版数据库存储一个全集,其他版本数据库存入历史数据库。历史数据库中只存储变化增量,降低数据冗余。新旧版本间具有关联,便于变化提取和统计分析。

1. 数据库结构升级

为了记录每一个要素的版本信息和更新状态信息,实现地形数据要素级管理,在原有的数据库结构的基础上,增加了数据库标识、版本标识和更新状态标识字段。具体字段名称和用途如表 5-1 所示。

表 5-1　要素标识字段及用途

序号	字段内容	字段名	用途
1	要素唯一标识码	FEAID	要素在数据库中的唯一编码
2	要素版本标识	VERS	要素的版本标识,记录要素创建的时间
3	更新状态标识	STACOD	记录要素的更新变化类型

(1)要素唯一标识码是实现要素级更新的关键,通过预先为每个要素创建要素唯一标识码,确定更新数据与被更新数据之间关系,可以实现要素之间的自动绑定。地形数据库每一个要素具有唯一的数据库标识,同一个要素在更新前后数据库中的要素编码是相同的。

(2)要素版本标识用于记录每一个要素的创建时间,实现要素级的版本管理。同时结合历史数据库还可以实现对数据变化情况等方面的分析。

(3)更新状态标识记录了要素的变化类型信息,即"增加""修改""删除"。

2.历史数据库

历史数据库记录了地形数据库更新过程中被替换的要素,也就是地形数据库的所有历史信息。地形数据库与历史数据库进行叠加分析后,可以回溯历史版本的数据,同时也可以分析要素的产生、消亡等变化情况。

历史数据库与地形数据库中的分层结构、属性字段、数学基础等保持一致,这样能够使转移到历史数据库中的要素的图形、属性等信息不发生改变。同时,为了能够进行历史数据的回溯、分析等,在地形数据库结构的基础上,增加了字段,用于记录要素消亡的时间。

(二)要素级数据更新生产与入库

1.要素级数据更新生产

要素级数据更新不同于传统图幅更新模式。一方面,更新生产和建库不再基于标准分幅数据,而是在数据库基础上;另一方面,数据更新生产、质检和入库仅针对变化的要素,不需要重复检查、入库没有变化的要素,极大地提高了更新的效率。

(1)在数据更新生产阶段。记录每一个变化要素的变化类型,更新生产完成后,提取增量要素,用于后续的质量检查和入库。

(2)在质量检查阶段。重点检查变化要素的正确性,同时需要检查变化要素与未变化要素之间的关系是否合理、正确。

(3)在数据入库阶段。只将变化的要素入库,没有发生更新的要素不入库。在变化要素入库的同时,将被替换掉的要素写入历史数据库。

要素级数据更新生产技术路线如图 5-2 所示。

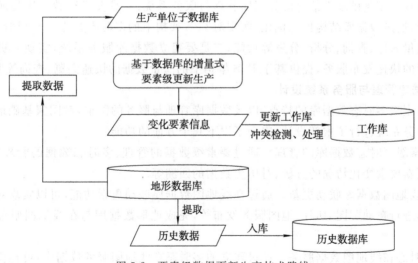

图 5-2　要素级数据更新生产技术路线

2.数据入库

数据库更新仅对变化了的要素进行入库,没有改变的要素不重新入库。其前提是通过要素唯一标识码,自动确定变化要素与数据库中被更新数据之间关系,实现要素之间的自动绑定。

入库的方法是依据更新要素的要素唯一标识码和更新状态信息,更新数据库中对应的要素。对于新增的要素,直接入库,同时建立要素的版本信息;对于修改的要素,更新要素的属性或图形信息,同时修改要素的版本信息和要素的更新状态信息,并且将原来要素转移至历史数据库,并保留历史要素的版本信息;对于删除的要素,并不是直接删除,而是将要素转移至历史数据库,并保留要素版本,同时记录要素的消亡时间。

更新要素入库流程如图 5-3 所示。

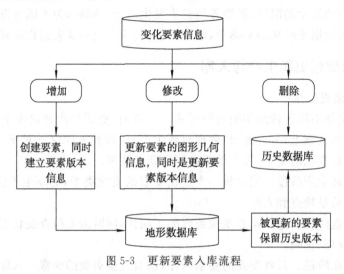

图 5-3   更新要素入库流程

(三)要素级多时态数据库管理与服务

深入优化国家基础地理信息的数据库管理与服务系统:一是要进行数据库集成管理系统的优化升级,通过数据库结构扩充优化,实现对 C/S 架构下的多时态数据库集成管理,提供数据成果的增量入库、查询、分析、分发等功能;二是要建立数据库服务系统,实现对更新成果的在线式地图的快速发布服务,提供基于 B/S 架构下的海量数据的快速浏览、查询等服务功能。

1. 数据库管理与服务系统设计

针对要素级多时态数据库的特点,以及数据库管理与服务的需求,对国家基础地理信息数据库管理服务系统进行了重新设计,实现了以下几个方面的功能:

(1)要素级多时态数据库的管理。通过要素级数据的管理、多时态数据的管理等功能,可以实现对更新要素变化情况的分析、对历史数据的回溯等。

(2)在线地图数据库联动更新。通过在线地图数据库联动更新功能,可以实现对更新区域的地形数据进行自动配图、切片、地图服务发布等,完成地形数据库与在线地图服务数据库的联动更新。

(3)多时态在线地图数据服务。通过建立的多时态在线地图服务数据库,可提供不同版本的在线地图数据服务,可以方便实现不同版本数据的浏览、对比分析。

2. 系统实现

国家基础地理信息数据库管理系统提供了要素级多时态数据库的管理功能,通过时间标签,可以实现对不同历史时期数据的浏览、对要素变化信息的分析统计等。同时,基础地理信息数据库服务系统提供了多时态数据在线地图服务,提供了目前数据库六个时态的在线地图服务数据。通过不同的时间标签,可以方便实现不同数据的对比显示。

三、数据库管理与维护

更新数据库的管理除了具有传统空间数据库查询、分析、管理和维护等功能外,还能够实现对增量数据、版本数据及历史数据的管理和服务能力。

(1)增量数据版本建立。动态更新数据库中存储的是连续时刻的更新数据,那么在一些关键节点上需要建立大的版本数据,形成如 2016 版、2017 版数据。建立增量数据版本时,通过要素类、数据范围、数据版本时间等条件,从动态更新库和历史数据库中提取数据,形成某个版本数据。

(2)切片数据更新。切片数据库与地形数据库采用联动更新的模式,根据地形要素变化数据计算切片数据需要更新的瓦片,提取相应范围的地形要素数据,经过符号配置、数据切片、瓦片接边处理及入库后,实现切片数据的联动更新。

(3)历史数据更新。历史数据可以用于空间数据的分析和数据分发,建立地形数据库与历史数据库的关系,可以保证数据的可回溯性。更新增量式数据库时,需要逐个地对要素进行比对,如果要素发生了变化,对应的地形数据库中的要素被转移到历史数据库中。

(4)历史数据管理。历史数据管理主要包括:①历史数据回溯,按照历史时刻查看历史数据,可以回溯到某个时刻,浏览该时刻的数据;②不同历史时刻数据对比分析,一方面可以对更新范围内更新前和更新后的数据进行对比分析,另一方面能够对不同历史数据之间的变化进行对比分析;③历史数据提取,可以将历史数据作为空间数据分析和数据分发的对象,可以提取指定范围、指定时刻的历史数据,并保存成多种格式。

(5)数据库维护。当更新的次数增多后历史数据库中会堆积大量的旧数据,需要把历史数据库中部分数据按照一定的规则提取出来,从常用的空间库中迁移到备用空间库中或进行离线存储,以减轻主空间库的压力。

(一)数据库增量式更新

数据库增量式更新是局部更新,建库的原则是只将增量数据入库,没有发生变化的部分不入库。

地形数据库增量式更新流程是,先将待更新的 1∶5 万、1∶25 万、1∶100 万地形数据库作为总库,根据生产任务范围,提取总库中相应范围的数据,建立更新生产责任区子库,下发给生产单位进行数据更新生产;生产单位在数据更新生产过程中标定数据增量信息,数据更新生产完成后提交增量数据用于增量数据建库。通过提取增量数据中的增量信息更新工作库,在工作库的基础上对增量数据进行入库质量控制。入库数据检查合格后方可提交增量数据更新地形数据库,从而完成地形数据库增量式更新。

地形数据库增量更新完成后,需要联动更新地形图制图数据、数字高程模型数据和历史数据。具体流程如图 5-4 所示。

1. 地形数据库增量更新升级扩展

为了实现数据库要素级增量更新,需要对待更新的数据库结构进行升级处理。首先,需要在数据库中为各个要素创建一个唯一的要素标识码,用于提交更新数据和库体数据的关联。其次,增加更新时间和更新状态,用于记录要素最新的更新时间和更新状态信息。

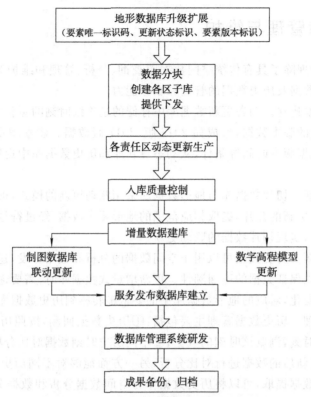

图 5-4   地形数据库增量更新技术流程

增量更新主要包括以下操作：

（1）增加要素。更新生产中新增要素时，在更新状态标识（STACOD）字段填写"增加"，在版本标识（VERS）字段填写更新要素的年份，如"2017"。

（2）删除要素。更新生产中需要将要素删除时，不做物理删除，只做更新状态标记，其在要素更新状态标识（STACOD）字段填写"删除"，在版本标识（VERS）字段填写更新要素的年份，如"2012"。更新生产过程中如需删除新增要素，则直接进行物理删除即可。

（3）修改要素。修改要素是对原有要素的图形或属性进行修改，对原有要素进行图形位置更新、形状更新、属性更新时，其在要素更新状态标识（STACOD）字段填写"修改"，在版本标识（VERS）字段填写更新要素的年份，如"2017"。

（4）要素合并。几个要素合并为一个时，合并后的要素标记为"修改"并填写版本标识（VERS），原有要素中与合并后要素的数据库标识（FEAID）不一致的标记为"删除"并填写版本标识（VERS）。

（5）要素分割。一个要素分割为几个要素时，在其中一个主要要素的更新状态标识（STACOD）字段填写"修改"，在版本标识（VERS）字段填写更新要素的年份，在其余要素的更新状态标识（STACOD）字段填写"增加"并填写版本标识（VERS）。

增量更新接边处理主要包括以下操作：

（1）新增要素的接边融合处理。不同生产单元更新生产中新增同一个要素时，在生产单元分界处先做好要素的接边工作，确保要素图形和属性严格接边；接边后的要素再进行融合处理。

（2）修改要素的接边融合处理。当不同生产单元更新生产中分别修改同一个要素时,接边需要进行要素融合处理。融合前首先在接边处进行要素分割处理,保留本生产单元部分的要素,然后再进行生产单元间要素接边,保证要素图形和属性严格接边,最后进行融合处理。

（3）删除要素的接边处理。当不同生产单元更新生产中分别删除同一个要素时,接边保留其中一个要素,另一个要素需物理删除,确保更新增量数据中标记为"删除"要素的数据库标识（FEAID）唯一性。

2．创建生产单位责任区子库及数据下发

根据更新生产任务范围,从地形数据库中提取数据,分别建立责任区子数据库,并下发给生产单位进行更新数据生产。更新范围的确定可以采用多种不同的方式,可以通过绘制工具来确定任意形状的更新范围,也可以选择某一图层中的要素作为更新范围,如可以选择行政区域作为更新范围。具体数据提取技术流程如图5-5所示。

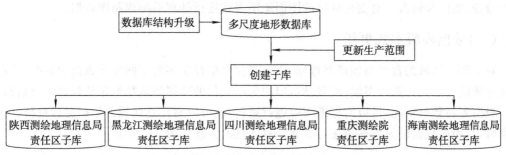

图5-5　生产单位责任区子库创建技术流程

3．生产单位责任区作业生产

在更新数据生产端,生产单位在数据更新生产过程中需要标定数据中哪些要素发生了变化,以及发生了什么样的变化（新增、修改、删除）,并记录更新状态和更新时间等信息。更新过程中注意不要修改要素唯一标识码,保证要素变化信息标定正确。

4．增量数据汇交接收

更新生产单位完成更新生产后,按照数据汇交相关要求汇交更新增量数据及相关数据源的资料和文档资料。

5．增量数据建库

数据更新发现过程是要素级增量更新的关键,通过预先为每个要素创建要素唯一标识码,确定更新数据与被更新数据之间关系,实现要素之间的自动绑定。

根据增量数据的范围,创建1∶5万地形数据库相应范围数据的副本作为工作库。工作库主要用于增量数据的入库质量控制,增量数据入库质量检查合格后再通过工作库将增量数据提交到1∶5万地形数据库。

增量数据入库检查主要包括以下几方面：

（1）增量数据完整性检查：增量数据是否完整,是否存在遗漏等。

（2）增量数据正确性检查：增量数据图形、属性是否正确,增量数据是否与数据库数据存在矛盾等。

（3）增量数据逻辑一致性检查：增量数据之间逻辑是否一致,与增量信息相关的要素是否进行了协调处理等。

具体技术流程如图 5-6 所示。

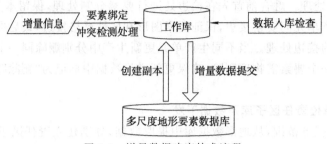

图 5-6　增量数据建库技术流程

6. 制图数据联动更新

1∶5 万地形数据库更新后同步更新相应的制图数据,根据数据变化情况对变化要素符号进行增加、删除和修改。对变化区域的图面制图表达进行处理后形成制图数据。

(二)数据库版本式更新

对于同一区域的数字高程模型数据、正射影像数据存在多套不同年代数据的情况,采用版本式更新的方法。更新一图幅(或景)时,旧的生产年代的数据将从数据库转移到历史数据库。

根据更新数据情况,可以对标准图幅进行更新,也可以对任意区域的数据进行更新。更新数据时,对相应数据的元数据也进行更新。具体技术流程如图 5-7 所示。

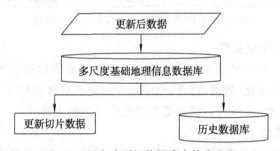

图 5-7　版本式更新数据建库技术流程

(三)动态更新管理与服务系统

国家基础地理信息数据库动态更新管理和服务系统旨在解决目前国家基础地理信息多类型、多尺度、多时相空间数据库动态更新的管理与服务问题,提出一套适合主流 GIS 空间数据(库)存储和管理、服务和展示的应用框架,实现简单、高效、安全的动态更新成果数据集成管理与快速服务,提供依据数据标准快速建立空间数据库、维护数据更新及其历史数据的机制,并实现基础地理数据库和服务数据库之间快速、无缝的同步更新机制。

为了满足基础地理信息数据动态更新管理和服务的需求,在原有数据库管理服务系统的基础上,针对动态更新的数据特点、数据管理服务和分发提供的新要求,扩展了系统结构及功能。

1. 要素级多时态数据管理和维护

数据库集成管理系统的优化升级通过数据库结构扩充优化,实现了对 C/S 架构下的1∶5 万动态更新成果的集成管理,提供数据成果的增量入库、查询、分析、分发等功能。

1∶5万地形数据库结构升级后,实现了对更新后地形数据要素级的管理。

每个要素具有时态信息,通过分析不同时态要素,可以实现历史数据的回溯,以及数据动态变化分析、统计和展示。

(1)历史数据管理。通过增量信息更新地形数据库的同时,将被替换的要素同步更新到历史数据库中,记录每个要素的创建时间和消亡时间。通过历史数据与成果数据的叠加分析,可以回溯任何历史时刻的数据,同时实现数据变化情况的分析。

(2)动态更新统计。通过分析不同版本数据的变化情况,可以统计每个要素类数据的新增、修改和删除情况。

2. 在线地图服务数据管理

为了实现对动态更新成果的发布服务与展示、提供在线地图服务,对基础地理信息动态更新成果数据进行加工处理,建立在线地图服务数据库,实现涉密网下的 B/S 模式下的实时在线地图服务发布与应用。

新版国家基础地理信息数据库服务系统实现了多版本在线地图服务数据的快速浏览和查询等功能。通过集成 2012 年及以后逐年的动态更新成果、2011 版 1∶5万地形数据和历史栅格数据,在同一个服务下同时浏览三个版本的在线地图服务数据、展示不同版本数据的变化情况、查询元数据信息等。

四、质量控制

(一)数据库系统质量保障

数据库系统建设质量的好坏主要从数据库的完备性、可靠性、易使用性、保密性和可维护性等方面来表现。数据库的质量保证需要从纵向和横向两个方面展开,一方面要求所有与数据库生存期有关的人员都参加,共同为数据库的完备性、可靠性把关;另一方面要求对数据库管理系统开发全过程进行质量管理,系统开发工作应严格按照软件质量管理的要求进行,保证系统开发文档资料的完整、规范,对软件进行包括功能测试、性能测试、可靠性测试、安全性测试、容错性测试在内的多种测试与分析。数据库系统的建设将从平台选择、系统设计、开发标准规范等方面的诸多实施环节严格进行质量控制,采用适用的技术规定和工程化方法,确保数据库系统的质量和技术水平。

(二)数据库系统安全保障

在数据库的建设过程中,将综合采用多种安全防护措施,防止各种因素对系统安全所造成的威胁。从管理制度和技术手段等方面入手,在系统网络化运行环境、软件支持环境、存储介质的选择上选用可靠的软硬件设备,结合用户的系统权限管理,配合中心涉密网络使用管理制度等,从而保障数据库建设的安全性。

(三)数据库备份与恢复

数据库备份与恢复是数据库系统正式运行后最重要的维护工作之一。数据库管理员要针对数据库的运行安全要求制定相应的转储计划,以保证一旦发生故障能尽快将数据库恢复到某种一致的状态,并尽可能减少对数据库的破坏。

　　数据库备份考虑的主要问题是采取有效的数据备份策略,充分发挥存储设备的能力,提高数据存储和运行的可靠性。数据库管理系统建成验收并投入运行以后,除了数据库系统实时在线运行的数据库之外,还需要备份数据库系统的在线、近线和离线数据,用于数据归档管理,以防止数据库在出现故障时不能及时快速恢复原状。

　　在数据库管理系统日常的运行中,硬件的故障、软件的错误、操作员的失误及恶意的破坏仍是不可避免的,各类故障轻则造成运行事务非正常中断,影响数据库中数据的正确性,重则破坏数据库,使数据库中全部或部分数据丢失。数据库恢复机制是数据库管理系统的重要组成部分,就是把数据库从错误状态恢复到某一已知的正确状态(一致状态或完整状态)。

第六章　工程应用实践

"十二五"是我国国民经济建设与社会发展关键时期,是实现我国经济发展转型的攻坚时期,也是测绘发展的关键时期。为了切实做好"十二五"期间及其后续的国家基础地理信息数据库的更新工作,国家测绘地理信息局在"十一五"末及时安排了"十二五"国家基础地理信息更新体系设计与试验项目,对总体设计进行了系统性研究,在"十一五"全面更新的基础上,提出了"十二五"期间以最大限度满足我国全面建设小康社会对基础地理信息数据的需求为出发点,对国家基础地理信息数据库进行持续动态更新。

国家测绘地理信息局于 2012 年启动了国家基础地理信息数据库动态更新工程。到目前为止,已开展了 1：5 万地形数据库的六轮动态更新,实现了每年更新 1 次、发布 1 版;联动更新了 1：25 万和 1：100 万地形数据库,以及相应的制图数据库、数字高程模型数据库;建立了要素级多时态数据库系统,实现了多尺度、多类型、多版本数据库的动态管理与快速服务。

一、总体安排

"十二五"期间,我国基础地理信息数据库动态更新工作按 2012—2013 年和 2014—2015 年两个阶段分步实施。"十三五"开始,2016—2017 年期间实现了 3 种尺度 6 个数据库的动态与联动更新,每年更新 1 次、发布 1 版。

2012—2013 年期间,对国家 1：5 万数据库进行动态更新,数据现势性保持 1 年内,每年推出更新版,并利用 1：5 万数据库成果,全面更新全国 1：25 万、1：100 万数据库 1 次,主要任务包括:

(1)对全国 1：5 万地形数据库重点要素每年更新 1 次,现势性达到生产当年。

(2)以国产卫星影像为主,建立覆盖全国的多分辨率数字正射影像数据库,现势性达到 2010—2013 年,为数据库更新提供影像数据源。

(3)对重大工程、自然灾害等引起的地貌变化区域及时更新 1：5 万数字高程模型数据库。

(4)采用数据库驱动的制图技术,实现 1：5 万地形图制图数据库与地形数据库的同步更新与集成管理。

(5)利用 1：5 万数据库全面更新成果,全面更新全国 1：25 万、1：100 万数据库 1 次,并对全国 1：25 万、1：100 万数据库联动更新 1 次,重点要素现势性保持在 2 年内。

(6)完成全国 1：5 万数据库的增量建库,实现对全国 1：5 万、1：25 万、1：100 万数据库系统的动态更新与持续维护。

2014—2015 年期间,在前 2 年动态更新成果的基础上,持续更新全国多分辨率数字正射影像库,对全国 1：5 万数据库全面更新 1 次,利用 1：5 万数据库,联动更新全国 1：25 万、1：100 万数据库全面更新 1 次,主要包括以下任务:

(1)充分整合国家、地方及各专业部门资源,主要利用省级 1：1 万数据库更新成果,对全国 1：5 万地形数据库全要素全面更新 1 次,整体现势性达到 2 年之内,初步实现 1：5 万数据库与1∶1万数据库的联动更新。

(2)持续更新多分辨率数字正射影像库,2.5 m或5 m分辨率正射影像数据现势性保持在2～3年内,保证更新影像数据源的现势性。

(3)对边界地区等数字高程模型精度较差或变化范围大的区域重测,全面实现对全国1∶5万数字高程模型数据库的更新与精化。

(4)完成全国1∶5万地形图制图数据库与地形数据库的同步更新,满足快速制图生产与应急服务的需要。

(5)利用1∶5万数据库更新成果,完成对全国1∶25万、1∶100万数据库的更新,现势性保持在2年内。

(6)对全国1∶5万、1∶25万、1∶100万数据库系统进行动态更新与持续维护。

经过两个阶段的更新实施工作,实现从全面推帚式更新模式到动态更新和全面更新相结合的持续更新模式的转变,初步建立适于我国国情的基础地理信息动态更新技术与业务体系;探索建立联动更新机制与模式,形成1∶1万、1∶5万、1∶25万和1∶100万等多尺度数据库协调一致、联动更新机制,具备对全国多尺度数据库持续动态更新的能力,以更好地满足国民经济建设与社会发展对基础地理信息现势性的要求,为其提供持续可靠的基础地理信息数据服务保障。

二、组织实施

国家基础地理信息数据库动态更新涉及部门多、技术复杂、作业难度大、外业测绘区域遍布全国。在组织管理上需要按照统筹规划、科学管理的原则,统一部署、自主创新、分工协作,建立项目分级组织机构,组织协调项目实施。

"十一五"期间,国家测绘地理信息局充分调动各方力量与资源,建立了全面定期更新的组织模式与机制,为基础地理信息数据的全面更新提供了组织保障。为了更好地满足国民经济建设与社会发展对基础地理信息现势性的要求,2012—2015年"十二五"期间,采取了更新生产责任制的新模式,以网格化组织优化了更新生产队伍,大大提高了更新生产效率。

近年来,省级基础地理空间数据库建设与更新发展迅速,1∶1万数据库覆盖范围也在不断扩大,更新速度不断加快。全国1∶1万数据库整合升级的基本完成,实现了国家与地方数据库的纵向衔接。因此,此次动态更新可在有条件利用1∶1万数据库联动更新1∶5万数据库的区域积极推进国家与地方的联动更新,逐步形成国家与地方联动更新的新模式。

进一步优化网格化的更新生产组织实施模式,根据区域特点与承担单位的条件,在动态更新责任区划分的基础上,对于有条件实施联动更新的区域优先采用国省联动更新方式,由直属局与地方局共同完成,可灵活采用直属局为主、地方局协助,或者地方局承担、直属局技术指导的组织形式进行联动更新。

按照更新生产责任区范围下达生产任务,以每个生产责任区更新范围的数据作为物理连续的数据集进行资料提供,每个责任区更新范围的成果数据也作为物理连续的数据集进行汇交。各承担单位要完成本责任区的基础地理信息数据动态更新,负责收集资料、组织技术设计与生产实施,同时开展生产。在组织更新生产时,对责任区内部的更新生产单元可按照自身条件或特点灵活采用行政区划或者标准分幅等方式进行划分,采用适用的技术方法,组织生产单位进行更新生产，完成本责任区的数据更新，按照统一更新要求提交更新生产成果。

(一)组织机构

在充分考虑现有人力、财力及资源布局生产组织结构的基础上，为了更充分地调动各种力量的积极性，充分利用各种资源，"十二五"动态更新由国家测绘地理信息局统一领导，国家基础地理信息中心项目牵头、直属局分区负责生产、地方局共同参与，具体组织机构如图 6-1 所示。

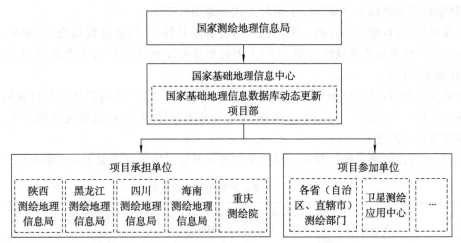

图 6-1　国家基础地理信息数据库动态更新工程组织结构

1. 国家测绘地理信息局

国家测绘地理信息局对项目进行统一领导，国土测绘司作为项目主管部门，负责更新工作中的监督管理和重大决策。

2. 国家基础地理信息中心

国家基础地理信息中心为项目责任单位，牵头负责项目的组织实施；内设"国家基础地理信息数据库动态更新项目部"承办项目的具体工作。

3. 项目承担单位

陕西、黑龙江、四川、海南测绘地理信息局和重庆测绘院为更新项目的承担单位，负责组织所属的院（分院）、中心等单位分区域开展更新实施工作。各承担单位应加强更新项目的领导，完善更新管理组织机构与项目责任制，落实项目负责人和技术负责人，报项目部备案。

4. 项目参加单位

各省、自治区、直辖市测绘地理信息行政主管部门为更新项目的参加单位，负责提供本行政区域内可用于更新生产的相关资料，协助收集相关部门的专业资料，承担动态更新成果外业抽检工作，并根据实施条件独立承担或协助直属局共同完成本行政区域内的 1∶5 万地形数据库联动更新任务。

国家测绘地理信息局卫星测绘应用中心等作为更新项目的参加单位，承担完成资源三号卫星影像获取、整理、提供，以及相关的技术试验和研发任务。

(二)项目单位和任务分工

国家基础地理信息数据库动态更新工程在国家测绘地理信息局统一领导下,将全国划分成五大数据更新生产责任区,由国家基础地理信息中心负责牵头组织,陕西、黑龙江、四川、海南测绘地理信息局和重庆测绘院分别负责各生产责任区的更新任务,各地方省测绘地理信息局分别承担或协助完成本辖区的1∶5地形数据更新生产。

根据各省1∶1万数据库整合升级成果分布范围、数据现势性、内容完整性等实施条件,各地方省测绘地理信息局主要采用以下两种方式参加项目工作:

(1)直属局承担,地方局协助。生产任务由直属局具体承担,通过资料交换、购买、合作等方式,地方局提供本行政区域内可用于1∶5万地形数据库更新的1∶1万数据资料,配合直属局完成更新生产任务。

(2)地方局承担,直属局指导。生产任务由地方局具体承担,所属责任区的直属局可通过项目合作、委托生产,支付一定的生产经费,并负责技术指导和支持、成果接收和汇交、质量检查等,完成更新生产任务。

更新生产责任区情况统计和项目承担单位及任务分工情况具体如表6-1和表6-2所示。

表6-1 更新生产责任区情况统计

省份	责任区所含省份数量	责任区面积/万平方千米	折合1∶5万图幅数	责任区所含省份名称
陕西	10	382.38	9177	新疆、甘肃、青海、河南、安徽、上海、陕西、浙江、湖北、宁夏
黑龙江	10	300.46	7211	内蒙古、黑龙江、辽宁、吉林、北京、天津、河北、山东、山西、江苏
四川	5	238.42	5722	西藏、云南、四川、江西、广西
海南	4	43.42	1042	海南、台湾、福建、广东
重庆	3	43.04	1033	重庆、湖南、贵州

表6-2 项目承担单位及任务分工

项目单位		任务分工
项目主管部门	国家测绘地理信息局	项目领导与组织协调、重大决策、监督指导
项目牵头单位	国家基础地理信息中心	项目总体设计、组织实施与管理、质量监督检查、数据入库等
项目承担单位	陕西测绘地理信息局	本责任区内的动态更新生产(包括正射影像数据、地形数据重点要素、数字高程模型数据、地形图制图数据)、1∶25万数据库联动更新生产、1∶100万地形数据库全面缩编更新(黑龙江局承担)、联动更新生产
	黑龙江测绘地理信息局	
	四川测绘地理信息局	
	海南测绘地理信息局	
	国家测绘地理信息局重庆测绘院	
项目参加单位	各地方省测绘地理信息行政主管部门	承担或协助完成本行政区域内1∶5万数据库联动更新生产任务、承担动态更新成果抽检工作、提供本行政区域内相关资料、协助收集专业部门资料
	国家测绘地理信息局卫星测绘应用中心	资源三号卫星影像获取、整理、提供

(三)组织管理措施与要求

(1)计划管理。项目部根据项目总体设计和总体预算及国土司要求,按期完成项目年度计划的编制,报国土司批准后下达。承担单位根据国土司下达的项目年度计划,编制年度项目实施计划,落实具体承担单位及按月生产进度安排。项目年度计划一经下达,必须严格执行,如确需调整,须严格按规定程序报批,经国土司批准后调整实施。承担单位应严格进行项目组织实施和管理,定期进行实施进度检查,逐级汇总上报项目进展情况。

(2)技术管理。项目总体设计方案由项目部组织编写,经专家评审后,报国土司批准实施。项目承担单位根据项目总体设计方案和有关技术文件编写专业技术设计,组织专家评审通过后,报项目部备案。项目实施过程中,如需变更或补充专业技术设计的,可编写补充技术设计书,并报项目部备案。

(3)质量管理。更新项目实行成果质量分级管理负责制,项目部对整个项目设计与建库负责,各承担单位对所承担更新生产的成果质量负责。

(4)成果汇交。各承担单位完成年度更新任务,成果数据经过检查验收合格后,按国家测绘地理信息局有关成果汇交和归档要求进行整理,及时进行成果汇交和归档。

(5)安全生产。项目建设单位需设立项目安全生产管理机构,明确各级机构主要职责,层层落实责任制。应根据作业测区情况制定详细的安全操作规程和安全生产突发事件应急预案。各承担单位应加强预案演练,增强分工、流程的合理性和可操作性。

三、质量管理

国家基础地理信息数据库动态更新工程综合应用了多种生产技术,且采用了新的作业模式,给质量管理带来了新的课题和挑战。为了加强更新工程项目管理,保证数据库更新质量,项目部、更新承担单位对更新工程项目设计、更新生产、成果检验、数据建库等各个环节实行全过程质量控制。

(一)质量管理环节与要求

在国家测绘地理信息局的统一领导下,质量管理实施的主体由更新承担单位和项目部组成,分别负责生产阶段质量管理和入库阶段质量管理。质量管理环节如图6-2所示。

1. 技术设计环节质量管理

项目技术设计是更新工程实施的技术纲领和依据,需要严格控制设计的组织与流程。项目总体设计方案由项目部组织编写,经专家评审后,报国土司批准实施。项目承担单位根据项目总体设计方案和有关技术文件编写专业技术设计,组织专家评审通过后,按专家意见修改,并对修改稿加盖公章,连同评审意见、专家签到表等报项目部备案。项目实施过程中,如需变更或补充专业技术设计的,可编写补充技术设计书,并由承担单位技术负责人签字并加盖公章报项目部备案。

承担单位在生产实施前,组织有关技术人员学习有关标准、技术规定、专业技术设计。应结合各自的特点制定技术培训计划,并组织实施。技术培训计划及培训记录应备案。

技术管理人员深入生产一线,指导作业人员准确理解并掌握执行各项技术指标和要求,抓好各生产环节技术管理,确保技术口径协调一致。

　　生产过程中的一般性技术问题由承担单位技术负责人按有关规定处理。对重大原则性技术问题,及时书面上报项目部审批。

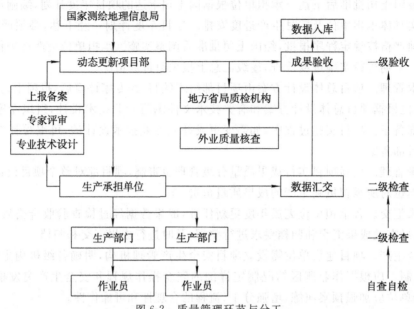

图 6-2　质量管理环节与分工

2. 更新生产环节质量管理

　　项目承担单位在生产过程中实施"二级检查"质量控制机制。一级检查是由生产单位(院)质检人员实施的生产成果过程质量检查,二级检查是由承担单位组织质检部门对通过一级检查的生产成果进行的过程质量检查。

　　在进行一级检查前,生产成果必须经过作业员自查、作业分院(中队、小组)的 100% 详查。一级检查的内容涵盖内外业全部作业过程及环节,所有内业生产工序需进行 100% 检查,外业检查比例一般不低于 20%,必要时可加大到 30%～50%。

　　二级检查是在一级检查基础上对生产成果进行的过程质量检查,内容涵盖内外业全部作业过程及环节,对 100% 图幅进行内业检查,其中对 10% 图幅进行详查,对其余 90% 图幅的内容进行概查。外业检查比例不低于 10%,必要时需适当增加外业检查比例。

　　对二级检查不合格的成果应全部退回原生产单位进行修改,然后还必须再经过自查和一级检查后,重新进行二级检查。二级检查时应同时审核一级检查及修改的记录。

3. 成果验收环节质量管理

　　项目部对更新汇交成果实施"一级验收"质量控制机制。一级验收是指对二级检查合格的生产成果,在数据入库时进行的最终生产成果的质量验收。一级验收由项目部组织实施,内业验收由项目部负责实施,外业验收由项目部委托具有外业质检资质的地方省局对更新承担单位的外业成果进行核查。

　　对 100% 图幅进行内业检查。对其中 10% 图幅进行 100% 要素内容详查,对其余 90% 图幅的内容进行概查。外业检查的比例不低于 10%。

　　对验收不合格的批成果,全部退回原承担单位返工,并要求重新进行一级检查和二级检查,最后还需通过项目部组织的成果质量验收。对于合格的批成果,原生产单位还需负责修改完成检查验收中出现的所有问题,并由项目部确认才可进入建库。最终生产成果质量验收时应同时审核二级检查及修改的记录。

(二)质量控制内容与要求

国家基础地理信息数据库动态更新工程实行全过程的质量监控与管理。质量控制内容涵盖技术设计、中间生产成果、最终生产成果、数据库成果等方面。

更新工程项目中的各种设计方案、技术规定、专业设计书等的质量控制,实行专家评审和上级部门审批的方式。未经过评审和审批的技术设计或方案不得正式使用。

加强对生产作业过程中每一个环节的质量控制,上个环节应对其传递到下个环节的成果质量负责,全程跟踪更新生产的质量状况,严把质量关。同时,强化各种形式的质量检查,加强对每个生产工序的检查,加强作业员之间互校互查,发现问题及时整改,确保成果质量。

各级检查、验收工作独立进行,不得省略或代替。各级检查与验收结论由相关责任人签字确认。未通过前一级检查的成果,不得进行下一级的生产作业。各级检查、验收人员均应持证上岗。

检查验收的程序和技术方法必须严格执行有关的标准和规范、技术规定、专业设计书、技术补充规定等,不得擅自调整技术规定或降低质量要求,特殊问题处理需经项目部或国土司批准。

检查验收过程中,要对重要质量特性进行重点检查,对有普遍性或带有倾向性的质量问题应进行全面检查,以保证成果的整体质量,杜绝存在重大或普遍的质量问题。生产环节或上一级检查提出整改的问题,下一环节或下一级检查要对其进行重点、全面的核查。对于不合格或同类缺陷出现较多的成果,要做进一步的核准确认。

检查、验收形成的记录和报告,应内容完整、规范、清晰,符合相关的规定。

检查、验收单位与受检单位在质量处理问题上存在分歧时,属检查环节的,由上一级项目管理部门裁定;属验收环节的,由项目部与承担单位协商解决,或报请国土司裁定。

(三)质量保障措施

1. 加强动态更新技术培训

动态更新是基础测绘的全新内容,各道工序是否规范执行、数据成果是否符合要求、作业流程是否合理对最终成果的质量至关重要,因此需要着重加强对生产单位管理人员尤其是一线作业人员的技术培训,确保人员理解更新任务并顺利执行。

2. 强化外业作业过程监控

外业调绘与更新要素的采集是动态更新的最主要、最直接的信息来源,为确保外业作业的准确性,需要大力加强外业作业依据的规范化,完善外业作业依据的内容。外业作业依据是作业员执行野外调绘时的重要证据,如作业人员 GPS 行进轨迹、野外调绘片、实景照片、视频等。外业作业依据应归档并上交,作为验收检查的辅助依据。

3. 委托第三方机构进行外业核查

项目部委托地方省局质检部门等第三方独立质检机构,按照要求抽检生产单位提交的外业更新成果,并对结果进行打分评价。

4. 建立质量奖惩机制

对按时、保质、保量完成更新任务的单位和个人,给予通报表扬,并适当增加其下年度的更新任务量与经费。对没有完成年度生产计划和经费执行、影响整个项目进度的单位和个人,应适当减少其下年度的更新任务与经费。对项目任务拒不执行或出现问题未按要求限期完成整改的单位和个人,由项目部上报国家测绘地理信息局按情节给予处分;造成重大事故的,应依照有关法律、法规追究相关单位和人员的责任。

(四)质量控制相关技术方法

质量控制与管理贯穿于全部生产和建库过程中,为配合生产进度的实施,需要采用多项技术措施,确保动态更新成果的高效检查,保证更新成果的可靠性。质量控制可以研究并采取两种相关的技术方法进行。

1. 基于数据库的质量控制技术方法

相对于常规基础测绘更新技术,动态更新的生产和建库是基于数据库的,因此需要针对数据库的特点,研究大范围、多要素、无缝连接的动态更新数据质量控制技术,进行分区、分要素质量检查与全区域、全要素质量控制相结合的技术研究。

2. 基于增量要素的质量控制技术方法

增量更新要素记录含有要素的增、删、改的变化情况,基于增量要素的质量控制应当重点对新旧要素的变化合理性、正确性进行检查,同时需要考虑增量要素之间的逻辑一致性,确保更新成果顺利入库。

四、主要成果及应用

国家基础地理信息数据库动态更新项目已经圆满完成了2012—2017年度的目标和任务,建立了1∶5万地形数据库重点要素更新、全要素更新的技术方法和软件系统,形成了以1∶5万地形数据库为基础,纵向联动更新1∶25万、1∶100万数据库,横向联动更新地形图制图数据、数字高程模型数据的动态更新技术框架,并先后圆满完成1∶5万、1∶25万、1∶100万数据库的多轮动态和联动更新。

(一)动态更新成效

1. 初步建立了国家基础地理信息数据库动态更新技术框架

在2012—2017年动态更新中,经过试验与大规模动态更新生产实践,研制攻克了增量采编、动态更新生产、联动更新生产、增量数据质量控制、增量建库等一系列关键技术难题,初步形成了国家基础地理信息数据库动态更新技术框架,为动态更新提供了技术标准与依据。

(1)建立了1∶5万地形数据库按要素动态更新的技术指标体系与规范,保证了规模化更新生产的顺利实施。

(2)创建了基于数据库的增量更新生产技术方法与流程,研制开发了系列技术软件,显著提高了生产效率。

(3)建成了全国1∶5万多时态数据库,实现了要素级多时态数据的管理。

(4)创建了基于1∶5万地形数据库纵向联动更新1∶25万、1∶100万数据库,形成了横向联动更新地形图制图数据库、数字高程模型数据库的联动更新技术体系,实现了国家基础地理信息数据库的联动更新,提高了数据整体现势性。

(5)建立并实现了规模化数据库动态更新生产的质量控制体系,确保了数据质量的可靠性。

2.多尺度、多类型数据库建设与更新实现了跨越式发展

在国家测绘地理信息局的领导下,国家基础地理信息中心作为项目责任单位,牵头组织陕西、黑龙江、四川、海南测绘地理信息局,以及重庆测绘院、卫星测绘应用中心等承担单位,经过5年的努力,先后完成了对全国1∶5万地形数据库的6轮动态更新,联动更新了1∶25万、1∶100万地形数据库及相应地形图制图数据库和数字高程模型数据库,建立了多尺度、多类型、多时态的国家基础地理信息数据库系统。

(1)1∶5万地形数据库实现了每年更新1次、发布1版的目标,数据整体现势性达到1年内。

(2)以1∶5万地形数据库为基础,先后纵向联动更新了1∶25万、1∶100万地形数据库,横向联动更新了相应尺度的地形图制图数据库和数字高程模型数据库。

(3)建立了要素级多时态数据库及其管理系统与服务系统,实现了对多尺度、多类型、多时态数据库的集成管理与快速服务。

(二)取得的主要成果

到目前为止,已完成了对1∶5万地形数据库的6轮动态更新,实现了每年更新1次、发布1版;联动更新了1∶25万和1∶100万地形数据库,以及相应的制图数据库、数字高程模型数据库;建立了要素级多时态数据库系统,实现了多尺度、多类型、多版本数据库的动态管理与快速服务。

国家基础地理信息数据库动态更新的规模化工程应用成果斐然,国家级数据库整体现势性提高到1年内,居于国际先进之列,大幅提升了地理信息数据成果应用价值和测绘服务保障能力。

1.数据成果

(1)1∶5万地形数据库更新成果(2012版、2013版、2014版、2015版、2016版、2017版)覆盖全国。

(2)1∶5万地形图制图数据库更新成果(2012版、2013版、2014版、2015版、2016版)覆盖全国,总计24185幅,数据现势性与同版本地形数据库保持一致,并实现与相应地形数据库的一体化存储、集成管理、联动更新。

(3)1∶25万数据库更新成果(2012版、2015版、2016版)覆盖全国,总计816幅,包括地形数据库、制图数据库、数字高程模型数据库,现势性总体达到2015年,实现了与1∶5万数据库的快速联动增量更新。

(4)1∶100万数据库更新成果(2012版、2015版、2016版)覆盖全国,总计77幅,包括地形数据库、制图数据库、数字高程模型数据库,现势性总体达到2015年,实现了与1∶25万数据库的快速联动增量更新。

下面介绍一下具体的数据成果情况。

1)多分辨率正射影像数据库成果

(1)正射影像分辨率优于 2.5 m。

(2)大部分地区现势性达到 1 年内,困难地区达到 3 年内。

(3)数据库采用 2000 国家大地坐标系、1985 国家高程基准。

2)1∶5 万数据库动态更新成果

(1)1∶5 万地形数据库。成果覆盖全国陆地,涉及 9 大类、34 个数据层、400 余个要素子类,重点要素现势性达到 1 年内,一般要素现势性达到 5 年内。数据库采用 2000 国家大地坐标系、1985 国家高程基准、地理坐标系统。

(2)1∶5 万数字高程模型数据库。成果覆盖全国陆地,格网间距 25 m,现势性与 1∶5 万地形数据库保持一致。数据库采用 2000 国家大地坐标系、1985 国家高程基准、高斯-克吕格投影。

(3)1∶5 万地形图制图数据库。成果覆盖全国陆地,与 1∶5 万地形数据库进行一体化存储,现势性与 1∶5 万地形数据库保持一致。据库采用 2000 国家大地坐标系、1985 国家高程基准、地理坐标系统。

3)1∶25 万数据库更新成果

(1)1∶25 万地形数据库。成果覆盖全国陆地及主要岛屿,涉及 9 大类、32 个数据层、近 300 个要素子类,实现与 1∶5 万地形数据库的要素关联,现势性达到 1 年内。数据采用 2000 国家大地坐标系、1985 国家高程基准、地理坐标系统。

(2)1∶25 万数字高程模型数据库。成果覆盖全国陆地及主要岛屿,格网间距 100 m,现势性与 1∶25 万地形数据库一致。数据库采用 2000 国家大地坐标系、1985 国家高程基准、高斯-克吕格投影。

(3)1∶25 万地形图制图数据库。成果覆盖全国陆地及主要岛屿,共 816 幅 1∶25 万标准图幅,涉及 9 大类、近 300 个要素子类,与 1∶25 万地形数据库进行一体化存储,现势性与 1∶25 万地形数据库保持一致。数据库采用 2000 国家大地坐标系、1985 国家高程基准、地理坐标系统。

4)1∶100 万数据库更新成果

(1)1∶100 万地形数据库。成果覆盖全国陆地及主要岛屿,共 77 幅 1∶100 万标准图幅,涉及 9 大类、200 余个要素子类,实现与 1∶25 万地形数据库的要素关联。现势性达到 1 年内。数据采用 2000 国家大地坐标系、1985 国家高程基准、地理坐标系统。

(2)1∶100 万数字高程模型数据库。成果覆盖全国陆地及主要岛屿,共 77 幅 1∶100 万标准图幅,格网间距 500 m,现势性与 1∶100 万地形数据库一致。数据采用 2000 国家大地坐标系、1985 国家高程基准、高斯-克吕格投影。

(3)1∶100 万地形图制图数据库。成果覆盖全国陆地及主要岛屿,共 77 幅 1∶100 万标准图幅,涉及 9 大类、200 余个要素子类,与 1∶100 万地形数据库进行一体化存储,现势性与 1∶100 万地形数据库保持一致。数据库采用 2000 国家大地坐标系、1985 国家高程基准、地理坐标系统。

2. 技术成果

动态更新任务相对更为复杂,因此,应在全面更新的基础上,对更新生产技术系统进行补充完善,进一步开展必要的更新关键技术生产试验及系统研发,重点包括地形数据库联动更新、制图数据联动更新及多尺度、多类型数据库的集成管理与服务等,对更新技术体系进行升级完善,逐步建立动态更新技术体系,提高变化信息采集与增量更新处理的自动化程度和效率,为有效开展基础地理信息数据库的动态更新提供有力的技术保障。

1)软件成果

(1)多尺度地形数据库联动更新系统。用于从 1∶1 万至 1∶100 万系列地形数据库逐级联动更新,包含数据预处理、数据符号化、数据查询、数据比对、级联更新、制图综合、数据编辑等功能,具有较高自动化程度,且功能齐全、稳定高效、操作灵活。

(2)地形图制图数据联动更新系统。用于国家 1∶5 万、1∶25 万、1∶100 万地形图制图数据的快速联动更新,实现 GIS 数据库和制图数据库统一存储管理和协同更新,提高制图数据更新的自动化程度和制图数据成果的一致性,解决两库的协同更新难题。

(3)多尺度、多类型基础地理信息数据库质量检查软件系统。研发和完善各尺度、各类型基础地理信息数据库生产与更新成果质量检查软件,并进行质检软件系统集成,具有针对性强、自动化程度高、可靠性强、使用高效的特点。

(4)国家基础地理信息数据库集成管理与服务系统。用于国家基础地理信息数据库多尺度、多时态、多类型子数据库集成管理与服务,包括数据导入、库内整合处理、一体化库体更新、历史数据库和服务数据库更新与管理、多数据库联动演示、数据提取与应用加工等功能,具有技术先进、管理高效、安全性高的特点。

2)标准规范

科学合理、切实可行的技术标准是数据库更新得以规模化实施的根本保证,也是提高生产效率、保证空间数据质量、促进基础地理信息共享的重要依据和有力措施。

2012—2015 年动态更新生产、建库更新中,已经积累了许多理论与实践成果,初步形成了以地形图生产与数据库建库、更新的技术标准体系,这些标准为国家基础地理信息系统的更新建设提供了基础与前提。相关技术标准规范主要包括:

(1)产品标准:《1∶50000 地形要素数据规定》《1∶25 万地形要素数据规定》《1∶100 万地形要素数据规定》。

(2)生产技术规定:《1∶50000 地形数据库动态更新技术规定》《1∶50000 地形图制图数据库联动更新技术规定》《1∶50000 数字高程模型数据库更新技术规定》《1∶25 万地形数据库联动更新技术规定》《1∶25 万地形图制图数据库联动更新技术规定》《1∶25 万数字高程模型数据库更新技术规定》《1∶100 万地形数据库联动更新技术规定》《1∶100 万地形图制图数据生产与更新技术规定》《1∶100 万数字高程模型数据库更新技术规定》。

(3)质量检验规定:《1∶50000 地形数据库更新质量检查验收规定》《1∶50000 数字高程模型数据库更新质量检查验收规定》《1∶50000 地形图制图数据库更新质量检查验收规定》《1∶25 万地形数据库更新质量检查验收规定》《1∶25 万数字高程模型数据库更新质量检查验收规定》《1∶25 万地形图制图数据库更新质量检查验收规定》《1∶100 万地形数据库更新质量检查验收规定》《1∶100 万数字高程模型数据库更新质量检查验收规定》《1∶100 万地形图制图数据库更新质量检查验收规定》。

(4)建库技术方案:《多分辨率正射影像数据库建库技术方案》《全国 1∶1 万数据库建库技术方案》《国家基础地理信息数据库建库技术方案》。

（三）成果应用

国家基础地理信息数据库动态更新成果已向社会发布，广泛应用于国家经济建设和国防建设各领域，为国家建设提供了重要的基础性和战略性信息资源，并在全国水利普查、国土调查、经济普查、地理国情普查、全国山洪灾害防治等重大工程，公安部、交通部等部委的信息化平台建设，以及一系列抗震救灾、灾后重建中发挥了重要作用。成果主要应用方向如下：

（1）政府决策支撑。根据综合管理和宏观决策部门的需要，在多尺度基础地理信息的基础上，集成规划、管理、决策所需的各类空间型和非空间型数据资料，发展空间查询分析与模拟优化功能，形成业务化的空间型决策支持系统，用于国土调查、城市规划、图文办公、灾情监测、调度指挥、水利水电、环境保护、边界管理等方面。

（2）公众地理服务。通过对基础地理数据进行深加工，开发面向公众的增值产品与应用系统，提高基础地理数据的信息附加值，如发展系列地形产品、城市框架地图、导航电子地图等地理信息产品，发展旅游引导、手持位置服务、网上动态地图等应用系统。

第七章　发展展望

经过二十多年的努力,我国在基础地理信息数据库建设方面已取得了显著成绩,建立了多尺度、多类型、多版本高度集成的国家基础数据库,并形成了一整套数据库建库与更新技术体系。但随着国内外信息化的快速发展,国民经济建设各行业对基础地理信息提出了新需求。

为了更好满足新常态、新形势下国家经济社会发展对测绘地理信息的新需求,基于"需求驱动、面向应用"的基本原则,按照"统筹设计、融合建库、丰富扩展、云平台服务"的基本思路,需进一步对国家基础地理信息数据库进行升级改造,构建新型的基于云架构的国家地理信息大数据库,包括"纵向融合、横向整合、应采尽采与全面表达"的产品形式升级、基于"地理实体模型、三维数据模型、时空动态模型"的数据模型升级,以及基于云平台的管理服务平台建设升级等。

这一系列升级改造将有助于优化基础地理信息数据库建设的技术模式、生产组织模式和信息服务模式,促进新型基础地理信息数据库体系构建和基础测绘转型升级,有利于提升我国基础测绘成果的应用服务水平,为国家经济建设和社会发展提供更好的测绘保障服务。

一、新常态新形势下新需求

近年来,地理信息越来越成为信息社会的重要元素,随着地理信息产业的快速发展,基础地理信息数据库建设应该顺应国家重大发展战略需要,包括落实中央五大发展理念,实施"一带一路"、"走出去"、海洋开发、"互联网＋"、大数据等国家重大战略,全面实现小康与提升人民生活水平等。这对测绘地理信息特别是基础地理信息提出了更高的需求:

(1)以对地图和数据产品的需求上升为对信息和服务的需求,要求面向行业或专业应用发展产品类型,并以信息产品和服务的方式进行提供与发布。

(2)以对宏观需求逐步转变为对宏观微观双重需求,要求地理信息具有更高分辨率、更高精度、更详细的要素和属性内容。

(3)要求拓展基础地理信息数据的覆盖范围,即从国内拓展到全球范围、从陆地拓展到海洋、从地表拓展到地下和水下等。

(4)对数据现势性要求达到年、月甚至实时的需求,要求根据应用需求,加快部分地区数据更新速度,平衡地区更新不一致的差距,并对应急救援等应用提供实时数据。

综上可以看出,整个经济社会发展对于基础地理信息的需求发生了翻天覆地的变化。我国的基础地理信息数据库建设虽然取得了重大的进展和成就,但离国家经济社会发展对于基础地理信息的需求依然存在很大的差距,难以适应新形势下迫切需要基础地理信息全空间、全信息的需求,优化升级势在必行。主要问题表现在以下几个方面:

(1)产品模式及内容方面。目前,我国基础地理数据产品依然是"4D"产品,即数字线划图、数字高程模型、数字正射影像图、数字栅格图或制图数据。产品类型单一,要素内容也主要为地形图上表示的要素及属性,专业要素及属性不够丰富,虽然可以满足用户的最基本的需要,但难以满足信息分析和决策支持等更高层次的应用需要。

(2) 数据库建库的方式方面。目前,我国基础地理信息数据库实行分级建设和管理维护。按照比例尺分别建库及对要素内容进行综合取舍方式的不同,造成要素不全、精度降低,许多要素在不同的数据库中重复采集和存储,详细程度和精度不尽相同,还可能产生不一致或矛盾,给综合性的集成应用带来很大困难。作为地理信息数据库,一个地区无须按尺度建立多个数据库,应建立一个内容最详细、精度最高、现势性最好的数据库,既避免了资金浪费,又方便应用。同时,由各专业部门负责建立各级、各类、各专题地理数据库,形成一个个多元异构、分散孤立的信息孤岛,难以实现共建共享、互联互通、协同服务。

(3)数据模型方面。空间数据模型用计算机能够识别和处理的形式化语言来定义和描述现实世界地理实体、地理现象及其相互关系,是现实世界到计算机世界的映射。现实世界非常复杂多样,从不同角度、用不同方法去认识和理解现实世界,将产生不同的认知模型。如果建立数据库的目的和用途不同,描述地理实体和对象的空间数据模型也就不同,因此地理要素的表现方式(如二维还是三维、矢量还是栅格等)、分类分级、地理实体、存储结构等会出现差异。当前的基础地理数据库还基本上沿用传统地形图的应用定位,即需要满足地图用户的通用性及基本需求,所以其数据模型也是基于这个视角来对地理要素的表现方式、分类分级、地理实体和关系等进行定义,难以自动转换到当前信息化时代的各种专业应用数据模型下,妨碍了数据的广泛应用。

(4)技术及管理方面。对大范围地理信息的变化研究发现,自动化程度不高,实际工程中仍以人工为主,生产效率难以进一步提高。另一方面,由于保密原因,基于"互联网+"的新技术难以采用,基于泛在众包的新模式难以实现,进一步制约了更新技术的转型升级。在分级管理的体制下,存在规划、计划、资金、技术和标准等协同性困难,且各地经济发展不平衡,全国范围的数据建库和更新难以统一和同步,因此大大影响和制约了数据成果的应用价值,不能满足应用的需要。

二、数据库升级改造基本思路

未来国家地理信息数据库的发展应该由国家测绘地理信息部门进行统筹,联合省、地、市、县测绘地理信息部门,并与各专业部门合作共同构建。新型数据库主要遵循"需求驱动、面向应用"的基本原则,按照"统筹设计、融合建库、丰富扩展、云平台服务"的基本思路进行建设,总体思路如下:

(1)统筹设计。深入调研分析,全面理清应用需求,突破原本按照地形图的设计模式,实行按需设计,要在统筹设计的基础上统一技术标准。摒弃综合取舍和按比例尺制图思路,按需应采尽采、全面表达,实现最大比例尺基础地理信息无缝融合。同时,升级创新数据模型,从地理实体模型、三维数据模型和时空动态模型三方面建设新型地理数据库,建成"全国统一、多尺度融合、多专题齐全"的数据库。最终通过云平台建设,实现测绘成果的共享,并为政府机构、专业部门和测绘应用提供统一的信息服务。

(2)融合建库。在纵向上,要实现全国统一、多尺度融合,改变按比例尺建库的技术模式,建立政务版(秘密版)和公开版两大类数据库以解决保密问题。国家、省、地市要按区域分工负责,避免重复。在横向上,要形成综合型、各专题齐全的数据库,改变现有的产品分类模式,根据应用需要新增数据库产品类型。不同部门、不同项目要按照要素内容分工负责,避免重复工作。

(3)丰富扩展。要通过边境测绘、海洋测绘、全球测图等工作,扩展地理信息覆盖范围。另外,协同专业部门,丰富地理信息内容特别是专题要素信息。例如,可通过民政部地名普查成果,丰富综合地名地址信息;可通过水利部水利普查成果,丰富水系要素内容及属性信息;可通过国土部土地调查成果,丰富地表植被、土地利用信息等。

(4)云平台服务。要从地理信息数据的静态版本提供走向动态信息服务发布,开展全国地理信息产品服务的模型与方法研究,深化对地理信息及其变化信息发现、更新、发布及服务的认知,提出地理信息动态服务的理论模型与技术方法。继而在云环境下,根据地理信息的时空大数据特点,实现并行计算框架下的海量地理信息数据高效计算、专业信息产品集成,构建支撑涵盖地理信息及其变化的更新、发布以及应用服务计算与提供的新模式共享平台。

三、产品形式升级创新

新型基础地理信息产品形式升级创新主要体现为"纵向融合、横向整合、应采尽采与全面表达"。

(1)纵向融合。突破现有基础地理信息按照比例尺划分的模式,将不再考虑比例尺、载幅量、综合取舍等规则和限制,继而通过将同一区域内的最大比例尺基础地理信息无缝融合,建立综合性、基础性的产品数据库。在具体应用时,在该数据库基础上,按照应用需求确定尺度、内容、精度等问题,通过技术手段快速派生出适合于各行业的应用产品。

(2)横向整合。突破现有基础地理信息数据产品类型单一、数据内容偏重地形图制图、缺少顾及社会经济发展及各专业部门应用需求的专题数据的缺陷,发展融合交通、水利、管线、民政等多方面的数据,同时包含社会经济、人文信息等多方面属性信息的综合型基础地理信息数据库。

(3)应采尽采与全面表达。突破原来制图思维下要素按比例尺进行综合取舍的模式,将符合指标的地理要素应采尽采,全面表达到新型基础地理信息数据库中。基于此,可实现真正的地理信息产品取代以往数字化地图的形式。在各行业部门应用时,将不囿于现有的主体底图显示模式升级到对地理信息的统计分析服务等的使用模式。

四、数据模型升级创新

在传统地理信息数据模型基础上,结合新形势下对数据、产品和服务的需求进行创新,新型基础地理信息数据库建设将重点在"地理实体模型、三维数据模型、时空动态模型"这三个方面进行数据模型升级。

(一)顾及多种应用的地理实体模型升级

地理实体模型与应用需求紧密相关。在不同的应用需求下,应设计和采用不同的地理实体模型。以长江为例,在国家级、省级、市级等不同级别河长制的应用需求下,"长江"这个地理实体对象也是各不相同的;同样,在航道管理、防汛预测、环境保护、地理研究等不同方向的应用需求下，"长江"这个地理实体对象也是不尽相同的。

　　按照"需求驱动、面向应用"的原则，充分调研分析各专业部门、各社会用户的应用需求，改变目前的以满足通用需求和基本应用为主的产品定位，通过重新定义和设计新型的基础地理信息对象内容和模型规则，将以"点、线、面"要素为基本对象单元的简单地理实体模型升级为顾及多种应用需求的复合地理实体模型。进而可以根据不同应用需要，基于相应的模型转换、重组规则，便捷地进行地理实体转换和重组。

　　基于地理实体模型升级的地理信息数据库描述的地理实体更符合人类对客观世界的认识和思维习惯，更易于被用户理解和接受。以地理实体为单位也更易将地理信息与社会经济和各类专业属性进行挂接，更有利于对地理实体进行相关操作和一体化管理。

（二）基于三维数据模型升级

　　传统基础地理信息数据库对现实世界中地理实体的空间表达主要侧重于二维坐标的描述，普遍缺乏第三维的高程信息。尽管数据高程模型可用于表达地球表面的起伏，但其高程信息与地理实体相分离。单一侧重二维或高程信息的表达与人在三维化信息空间中认识的现象不符，且难以对地表物体的多层高程信息及复杂的地下物体进行空间表达。

　　面向立体交通、地下管网、地质矿山、城市建设与管理等对空间物体三维信息的需求，结合现有地理信息数据库中的二维坐标信息和高程信息，迫切需要进行三维数据模型升级，发展新型的三维地理信息数据库。

　　基于三维数据模型升级的地理信息数据库描述的区域现象符合人们在多维化信息空间中认识现象的习惯，便于用户全方位地获取知识。这有利于高效地组织和管理三维空间数据，便于对区域对象的地上地下一体化管理，还可为地理信息真三维可视化提供重要基础。

（三）基于时空动态模型升级

　　传统基础地理信息数据库每更新一次，均可获取一套完整版本数据，形成版本式或快照式数据库。然而，各个数据版本之间是静态的，难以建立版本之间的关联关系，不利于数据版本之间的对比和分析，这为面向各行业需求的时空地理数据分析与应用造成了阻碍。

　　基于时空动态模型的升级主要体现在以某一版本数据为基础，采用要素级多时态数据模型，按照时间顺序先后在基础数据版本上进行增加、删除或修改与地理现象相关的位置和属性信息等，而这些操作所引起的变化将以增量形式也按时间顺序存储于原基础数据版本中。（自2012年起，国家1∶5万基础地理信息数据库已实现基于增量的动态更新和要素级多时态数据管理。）

　　基于时空动态模型升级的地理信息数据库，不仅能实现人们对地理现象的时间和空间信息的表达和建模，也能方便、快速地存储、管理时空信息。这对模拟和预测地理信息时空变化研究具有重要意义，也为自然环境和气候监测、灾害预警和应急等应用提供重要数据支撑。

五、管理服务平台升级创新

　　传统基础地理信息数据库建设过程中，不同尺度、不同专题数据往往由各级各部门分别建设，不仅易造成重复建设、资源浪费，而且还易导致信息冗余和不一致等问题。同时，由于缺乏统一的数据库模型设计和系统平台设计,故数据库系统升级、数据表的维护需要耗费大量人力物力,造成了各级各类数据库多元异构、分散孤立,以及难以实现共建共享、互联互通和协同服务的现状。

管理服务平台升级主要体现在采用以云平台为基础架构,将计算机网络上的各种计算资源进行统一管理和动态分配,并建立高速通道,提高存储和计算能力利用率,并以数据为中心,以虚拟化技术为手段,利用面向服务的架构(SOA)为各行业用户提供安全、可靠、便捷的数据及应用服务。

基于地理空间数据服务云平台的新型基础地理信息数据库建设概念如图 7-1 所示,在地理信息云平台基础上,将不同尺度、不同类型的基础地理信息数据库由各测绘部门按照统一标准进行建设和维护,通过地理空间数据云平台实现测绘成果的共享,改变目前各级、各类数据库分割、孤立的现状,并为政府机构、专业部门和测绘应用提供统一的服务,包括数据服务、地图服务、基于多源数据的挖掘、统计分析服务等。

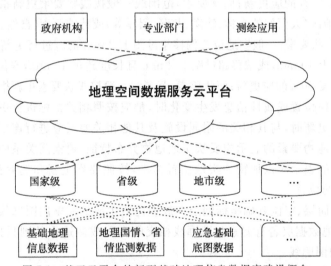

图 7-1 基于云平台的新型基础地理信息数据库建设概念

附录一　1∶5万地形数据库更新内容与要求

一、更新通用指标与要求

(1)对于新增的要素内容,依据要素选取与表示指标进行选取表示,并采集相关属性信息。

(2)对于实地位置发生变化的要素内容,除特殊地区或要素外,依据如下要素更新指标进行更新处理:点状要素,一般实地位置偏移超过图上 1 mm 的应进行更新;线状要素,一般实地长度变化超过图上 5 mm,或偏移超过图上 1 mm 且长度超过 5 mm,或偏移超过图上 1 mm 且长度超过要素长度 50%的应更新;面状要素,范围线一般按线状要素更新指标处理。

(3)对于特殊地区(大面积的森林、沙漠、戈壁、沼泽等)或特殊要素(自然、文化保护区等),更新指标可放宽至:点状要素,一般实地位置偏移超过图上 2 mm 的应进行更新;线状要素,一般实地长度变化超过图上 10 mm,或偏移超过图上 2 mm 且长度超过 10 mm,或偏移超过图上 2 mm 且长度超过要素长度 50%的应更新;面状要素,范围线一般按线状要素更新指标处理。

(4)要素的几何位置或属性信息发生变化时,都应按照相关指标进行更新。

(5)重点要素更新时,与其相关的附属设施及其他相关要素应进行连带更新。

(6)更新后各地物要素的表示应反映实地地物分布特征,要素间关系应协调合理。

(7)所有要素的表示应以地物的实地位置为准,按照要素更新和选取指标进行综合与取舍,不得进行地物的位移。

(8)只有境界面层、定位基础坐标网层存放理论值生成的完整内图廓线,其他层均不存放完整内图廓线,其他数据层若有要素与图廓线相交闭合形成多边形的则只拷贝采集形成闭合多边形的那一段内图廓线。

(9)有向点采集时定位点为地物的定位点,方向从正北方向顺时针计算,角度值为 0~360°。有向线按照线状要素中心线或定位线采集,采集时应保持要素符号主体在数字化前进方向的右边;流向有向线,按照箭头的方向采集,双向流向的,采集两根有向线。

(10)涉及军事设施和国家保密单位等地物要素的选取表示,可参照《1∶25000、1∶50000、1∶100000 地形图航空摄影测量外业规范》(GB 12341—2008)附录 G 的规定执行。

二、定位基础

(一)更新内容

(1)重点要素更新时,原则上不更新测量控制点。

(2)全要素更新时,应对全部测量控制点进行更新。

(二)选取与更新指标

(1)新增的测量控制点按照选取与表示指标全部表示,不进行取舍。

(2)测量控制点按照"一、更新通用指标与要求"中第 2 条的更新指标进行更新。

(三)更新技术要求

(1)统一收集和利用《国家现代测绘基准体系基础设施建设》项目成果,完成测量控制点要素更新。

(2)测量控制点降低平面及高程精度表示,平面位置精度降至整米(舍去小数位),高程值保留至整米(舍去小数位)。

三、水系

(一)更新内容

(1)重点要素更新时,更新重点主要包括:大型水利工程中新建的水库和现有小二型以上水库,大型干渠、堤坝、闸等,地震堰塞湖。

(2)全要素更新时,应对全部水系要素进行更新。

(二)选取与更新指标

(1)新增的水系要素按照选取与表示指标选取表示。

(2)沼泽按照"一、更新通用指标与要求"中第 3 条的更新指标进行更新,其他水系要素按照"一、更新通用指标与要求"中第 2 条的更新指标进行更新。

(三)更新技术要求

(1)更新后的水系要素应能反映区域水系的总体特征,以及附属设施的情况,应位置准确、主次分明,与其他要素关系协调合理。

(2)水系要素的水涯线按常水位表示。

(3)保持河流、渠道等的连通性,水系要素上的输水渡槽、输水隧道等水利设施按照中心线采集,存放在水利附属设施数据层。

(4)双线依比例尺表示的河流、运河、沟渠、时令河、干涸河等,以及有单线河或双线河穿越的湖泊、水库、池塘、时令湖、干涸湖等,在双线或多边形中心线上采集河流结构线,与单线河流连接共同构成河流网络。除要素分类代码外,河流结构线的相关属性应与其所在的河流、渠道等相同;河流结构线穿越湖泊、水库等的,其相关属性应赋予其相连接的河流、渠道等的属性;当湖泊、水库等是上下游河流名称的分界时,应赋上游河流属性。

(5)汇入双线河的单线支流与双线河流结构线之间加河流结构线并连接,相关属性赋单线支流的属性。

(6)辫状河流的水系名称代码和名称属性赋值应按照各辫状支流名称的实际分布情况赋值,并应在主航道线上采集河流结构线。

(7)表示名称的河流、湖泊、水库、干河床等都应赋水系名称代码属性。新增的有名称的水系要素需要赋临时代码。临时代码为 8 位,前 2 位为该水体所归属的一级和二级流域码,中间 5 位全为 9;最后 1 位区别河流、水库、湖泊和池塘等,其中,9 为河流,R 为水库,L 为湖泊,P 为池塘,Q 为渠,Y 为运河。

(8)因水系名称更新造成水系名称与水系名称代码不对应的,水系名称赋更新后的新名称,水系名称代码赋原名称代码。外业调绘新增的干河床名称,可按新增的河流名称赋临时代码。

四、居民地及设施

(一)更新内容

(1)重点要素更新时,更新重点主要包括:县(含)以上等级居民地街区及其政府位置,新增的、整体迁移及面积变化大的乡镇居民地及其政府位置,新增的大型村落、工矿区。

(2)全要素更新时,应对全部居民地及设施要素进行更新。

(二)选取与更新指标

(1)新增的居民地及设施要素按照选取与表示指标选取表示。

(2)居民地及设施要素按照"一、更新通用指标与要求"中第 2 条的更新指标进行更新。

(三)更新技术要求

(1)更新后的居民地应总体上反映居民地轮廓、分布特征、连通性及与其他要素的关系。

(2)行政村及以上等级居民地应全部表示。在居民地稠密地区,可适当舍弃个别小居民地,如自然村、零星房屋等,但位于道路交叉口和两旁、山隘、渡口、制高点、国境线、重要矿产资源地、文物古迹,以及有明显方位作用的房屋等处的居民地均应详细表示。

(3)散列式居民地要真实反映房屋的疏密程度,保持居民地分布特征,取舍时要总体衡量,着重选择表示道路和河流两旁及有明显方位作用的房屋,并表示房屋的方向。散列式居民地的更新应重点关注房屋分布范围和疏密程度的变化,要真实反映居民地分布特征。

(4)在人烟稀少地区、湖泊周围及沿海地带,具有明显方位作用的、比较固定和季节性的蒙古包、棚房、破坏房屋等应表示。

(5)在地物密集地区,独立地物要选择其中特别突出的和有方位意义的表示,其余的可以舍去;在地物稀少地区,应重点表示,即使是低矮独立地物,如敖包、经堆等,在实地仍然显得很突出,也应表示。

(6)工矿、农业、公共服务、宗教及设施、名胜古迹、科学观测站等有房屋的,房屋按照居民地相应类型表示,并在主要建筑物中心位置采集设施标识点;无房屋的,在范围中心位置采集标识点。

五、交　通

(一)更新内容

(1)重点要素更新时,更新重点主要包括:铁路及火车站,高速公路,国、省、县、乡道和专用公路，机场，连接高等级道路及乡镇以上居民地的主要乡村道路。

(2)全要素更新时，应对全部交通要素进行更新。

(二)选取与更新指标

(1)新增的交通要素按照选取与表示指标选取表示。

(2)交通要素按照"一、更新通用指标与要求"中第 2 条的更新指标进行更新。

(三)更新技术要求

(1)更新后的交通要素应正确表示道路的类别、等级、位置，反映道路网的结构特征、通行状况、分布密度及与其他要素的关系。

(2)保持铁路、公路的连通性，铁路、公路上的桥梁、隧道等附属设施按照中心线采集，存放在相应附属设施数据层。

(3)图上距离小于 0.6 mm 的两条单线铁路可表示成一条复线铁路，选择其中图形较平直的一条表示位置。

(4)无对应管理等级的高速公路，可按专用公路(GB＝420500)表示。

(5)互通式桥梁用立交桥表示，不互通的用公路桥或铁路桥等表示。

(6)不同等级道路间相交的，应正确表示出道路间的连通关系。例如，高速公路与低等级道路相交时，应通过匝道、立交桥等表示与其他道路的连通关系，否则高速公路不应被打断，保持数据的连续性。

(7)匝道是指互通式立体交叉上下各层道路(公路、快速路、主次干道)之间供车辆转弯行驶的连接道，应依据道路的连接关系全部表示。

(8)街区街道选取与表示要正确反映居民地内部通道的分布特点，分清主、次街道及与其相关的进出居民地的通道情况。主、次街道的区分，通过街道的宽度、通行情况，以及城镇经济、文化等的繁荣和重要程度确定。

(9)一般情况下，当公路沿居民地的外围通过时，依据道路的实际情况，表示为街道或公路直接通过；当公路穿越街区式居民地的长度大于图上 5 mm 时，穿越段公路应按照街道表示，其中，要素属性 RN 赋相连公路的 RN 值，名称赋该段街道的名称；当公路穿越街区长度不足图上 5 mm 时，公路可不断开，直接贯穿。

(10)大中城市道路中的高架路段不单独表示，按照城市快速路、主干道或次干道等表示，道路类型属性中加注"高架"。其他地区的高架道路，如果是跨越河流、湖泊、河谷、峡或其他道路的，可增加公路桥或铁路桥表示；如果高架长度大于实地 2 km，可依据其跨越的情况，道路按照其实际分类表示，并在道路类型属性中加注"高架"。

(11)道路已基本建成，如尚未通车的铁路、城际公路等，按照已建成的表示；路基已基本成形的铁路、城际公路等，能够确定建成时间的，按照已建成的表示，建成时间不明确的，按建筑中的表示；未破土不能确定道路走向的不表示。

(12)道路附属设施的选取表示应考虑与道路及其他地物的关系，大型的全部表示，小型的依据重要程度选取表示。

(13)公路编号、名称、技术等级等主要属性项发生变化时必须更新，车道数、铺设材料、路宽、单双向、载重量等可选属性项发生变化时尽量更新。

(14)道路更新资料之间存在管理等级、名称、编号不一致的,需野外核查后确定。技术等级、铺设材料、路宽、车道数等与实地不符的,按野外核查结果修改。

(15)具有两个以上公路路线编号(铁路线路代码)的公路(铁路)路段,其道路编号(代码)按高等级采集并赋属性;等级相同的按较小的采集并赋属性。

(16)无法确定道路编号的县道暂使用"X999",乡道暂使用"Y999"。

六、管　线

(一)更新内容

(1)重点要素更新时,更新重点主要包括:新增的 220 kV 以上大型输电工程高压输电线,新增的国家重点工程、跨省跨区域油、气、水输送管道。

(2)全要素更新时,应对全部管线要素进行更新。

(二)选取与更新指标

(1)新增的管线要素按照选取与表示指标选取表示。

(2)管线要素按照"一、更新通用指标与要求"中第 2 条的更新指标进行更新。

(三)更新技术要求

(1)应正确表示高压输电线与变电站的位置逻辑关系,使之与点状表示变电站的要素关系正确。

(2)管线的表示通过转折点直线连接,中间的各种塔架和地标等不表示。

(3)国省道两侧的光缆应表示,地物稀少地区公路两侧的一般应表示。光缆的表示一般应具有连续性和网状的连接关系。

(4)管线密集分布且多条并行的可择要表示。

七、境界与政区

(一)更新内容

(1)重点要素更新时,更新重点主要包括:国、省、地、县级行政区域、界线和界桩,国家级自然文化保护区、开发区、保税区区域和界线,特殊地区区域和界线,国外政区。

(2)全要素更新时,应对全部境界与政区要素进行更新。

(二)选取与更新指标

(1)新增的境界与政区要素按照选取与表示指标选取表示。

(2)各级行政区域、界线和界桩、界碑发生变化的应全部更新。

(3)自然、文化保护区按照"一、更新通用指标与要求"中第 3 条的更新指标进行更新,特殊地区、开发区、保税区等按照"一、更新通用指标与要求"中第 2 条的更新指标进行更新。

（三）更新技术要求

（1）境界更新时应注意处理与其他地物、地貌的关系。

（2）各级行政区域、界线和界桩、界碑发生变化的应依据最新国界勘界、联检资料和各级行政区划变更资料进行更新。

（3）国界周边地物、地貌发生变化时，原则上保持国界及相关要素不变，适当编辑周边地物、地貌，协调与国界及相关要素的合理关系。

（4）飞地按相应的行政境界表示。

八、地　貌

（一）更新内容

（1）重点要素更新时，更新重点主要包括：国家重大工程项目区域和灾后重建地区的地貌变化，城市快速发展造成的地貌大面积变化，国家重点监控的、大型的、影响较大的地质灾害地貌。

（2）全要素更新时，应对全部地貌要素进行更新。

（二）选取与更新指标

（1）新增的地貌要素按照选取与表示指标选取表示。

（2）沙地按照"一、更新通用指标与要求"中第 3 条的更新指标进行更新，其他地貌要素按照"一、更新通用指标与要求"中第 2 条的更新指标进行更新。

（三）更新技术要求

（1）更新后的地貌要素应正确显示各地区的基本地貌类型及形态特征，反映地面切割程度及土质类型和分布规律，同时还要处理好地貌与其他要素的关系。应根据不同地区地貌类型特点，正确表示山脊、山头、谷地、斜坡及鞍部的形态特征。

（2）自然地貌（如岩峰、陡崖、沙漠等）、人工地貌（如路堑、垄等）应表示大型的、重要的、大面积的。

（3）有明显特征和方位作用的地貌要素应准确表示。

九、植被与土质

（一）更新内容

（1）重点要素更新时，更新重点主要包括：退耕还林等引起的大面积植被与土质变化，大型工程等引起的大面积植被与土质变化，自然灾害等引起的大面积植被与土质变化。

（2）全要素更新时，应对全部植被与土质要素进行更新。

(二)选取与更新指标

(1)新增的植被与土质要素按照选取与表示指标选取表示。

(2)林地、草地、土质按照"一、更新通用指标与要求"中第 3 条的更新指标进行更新,其他植被要素按照"一、更新通用指标与要求"中第 2 条的更新指标进行更新。

(三)更新技术要求

(1)更新后的植被与土质应正确反映地面植被覆盖和土质的种类、分布范围、轮廓特征、面积对比及与其他要素的关系。

(2)植被与土质的范围线可进行适当编辑、综合,其弯曲宽度小于图上 0.5～1 mm 时可舍去,但要处理好与相邻面状要素共享边的关系。

(3)种植有水生作物的水塘,在水系数据层应采集水塘范围,并赋水塘相应属性。沼泽地中覆盖有成林、密灌、高草地等植被的,同时在水系层采集沼泽范围、在植被层采集相应植被范围,并赋沼泽、植被相应属性;沼泽地中覆盖有草地、疏林、稀灌等植被的,只在水系数据层采集沼泽范围,并赋沼泽相应属性。

(4)有多种类型的植被要素混杂时,按照主要植被类型表示,并表示一种次要植被类型,加注混杂种类属性。

(5)大面积植被、土质等与其内部包含的街区式居民地、面状水系等面状要素不得重复表示,应扣除街区式居民地、面状水系等面状要素;线状、点状地物可通过或叠加表示。

(6)对于公路穿过而分开的植被,当公路的宽度大于图上 1 mm 时,植被可以分开表示。

(7)在植被稀少地区,凡有方位作用的植被都应尽量表示,零星树木选择表示。

十、地　名

(一)更新内容

(1)重点要素更新时,更新重点主要包括:乡镇(含)以上行政地名,其他重点要素更新后相关地名变更,行政村地名尽量更新,重要且影响范围广的自然地名。

(2)全要素更新时,应对全部地名要素进行更新。

(二)选取与更新指标

(1)新增的地名要素按照选取与表示指标选取表示。

(2)地名要素按照"一、更新通用指标与要求"中第 2 条的更新指标进行更新。

(三)更新技术要求

(1)地名更新应注意与对应主体要素同步更新。

(2)所有要素的地名名称,除在对应主体要素的属性项中表示外,还应在地名层中采集表示。

(3)行政村及以上等级的居民地行政区地名应表示,行政村以下的可根据地名分布密度选取保留。

（4）乡镇及以上等级的居民地在政府驻地位置按照级别表示政府驻地点和地名定位点，村委会地名定位点表示在所在的自然村中心位置或所在地。

（5）如果一个居民地有多个等级居民地名称，地名定位点需全部采集。乡镇及以上等级居民地地名定位点一般应在政府驻地位置采集，其他等级的，在居民地几何中心点位置采集。

（6）居民地行政地名与其自然地名不相同的，应同时采集行政地名和自然地名。

（7）自然地物地名采集位置的选择，有实体对应的地名，地名定位点应在实体定位点上采集，如古塔名称、乡镇级以上居民地名称等；要素实体或范围不能准确定位的地名，地名定位点在要素概略中心位置上采集，如水库名称、海湾名称等。线状地物的地名定位点，应在线状要素上采集，位置应选择合适；多边形表示的要素地名点在多边形范围中采集，无固定实体的在注记中心位置采集。

（8）各种地名的汉语拼音录入，除有特殊规定的，原则上按照《地名汉语拼音拼写实施细则》进行拼音录入。

（9）对于内蒙古、新疆、西藏等少数民族地区新增地名的汉语拼音，原则上应按照少数民族语地名汉语拼音字母音译转写法进行录入，如果不能进行汉语拼音转写的，该地名的汉语拼音可暂不填写，其他地名的汉语拼音应正确填写齐全。

（10）将行政村级居民地所属的乡镇名称，填写于属性项 XZNAME。

附录二 1∶5万地形数据库要素选取与更新指标

分类	代码	图式	几何特征	属性内容	要素分层	选取与表示指标	更新指标	备注
定位基础								
测量控制点								
平面控制点								
大地原点	110101	1.8 △ 156.7	定位点	国标码、高程、等级	CPTP	国家等级（一至四等）的三角点和精密导线点应表示	■	
三角点	110102	a 5 合 156.7	定位点	国标码、高程、等级	CPTP		■	
高程控制点								
水准原点	110201	1.2 ⊗ 32.80	定位点	国标码、高程、等级	CPTP	国家等级（一至四等）水准点应表示	■	
水准点	110202		定位点	国标码、高程、等级	CPTP		■	
卫星定位控制点								
卫星导航定位连续运行基准站点	110301	2.0 △ 495.26	定位点	国标码、高程、等级	CPTP	利用卫星定位技术测定的AA级控制点应表示	■	
卫星定位等级点	110302	1.8 △ 495.26	定位点	国标码、高程、等级	CPTP	国家等级控制点（A～C级）应表示	■	
其他测量控制点								
独立天文点	110402	2.4 ☆ 24.5	定位点	国标码、高程、等级	CPTP	国家级天文点应表示	■	

注：重点要素更新时：★为重点要素，必须主动发现变化进行更新；☆为随重点要素更新时进行连带更新；其他不更新。

更新指标中：■和口为附录一中"一，更新通用指标与要求"的第2、3条；其他见文字内容。

续表

分类	代码	图式	几何特征	属性内容	要素分层	选取与表示指标	更新指标	备注
数学基础								
内图廓线	120100		线	国标码	CPTL		■	
坐标网线	120200		线	国标码	CPTL	坐标网线间隔 1 km	■	
北回归线	120401		线	国标码	CPTL		■	
水系								
河流						一般均应表示;河网密集地区,图上长度不足 10 mm 的可酌情舍去;但对构成网络系统的河,应根据河渠网平面图形特征进行取舍;密集河渠河漫滩地带一般不应小于 3 mm;老年河床河漫滩地带的又流沟渠及密集地区,间距不应小于 2 mm;河流宽度大于图上 0.4 mm 的用双线依比例尺表示,小于 0.4 mm 的用单线表示		
常年河								
地面河流	210101		范围线构面,有向线	国标码,河流代码,名称	HYDA、HYDL	单线河从上游至下游有向线表示;双线河按面表示	■	注重大自然环境改变、水利工程等引起大面积变化的应进行连带更新
河流结构线	210400		有向线	国标码,河流代码,名称	HYDL	双线河流、运河、渠道及水库相连的湖泊,运河、渠道及之间的中心线,方向为上游至下游	■	

续表

分类	代码	图式	几何特征	属性内容	要素分层	选取与表示指标	更新指标	备注
地下河段	210102		有向线	国标码,河流代码、名称	HYDL	长度大于图上 1 mm,河流走向明确的应表示;图上长度在 1 mm 以下的,河流直接贯通	■	
地下河段出入口	210103		定位点	国标码	HFCP	地下河段走向不明确的,无法按照地下河段表示的,只表示出入口	■	
消失河段	210104		范围线构面,有向线	国标码,河流代码、名称	HYDA、HYDL	长度大于图上 2 mm 的应表示;图上长度在 2 mm 以下的,河流直接贯通,单线消失河用有向线采集,双线上游到下游段用有向线采集,双线消失河段用面表示	■	
时令河	210200		范围线构面,有向线	国标码,河流代码、名称,时令月份	HYDA、HYDL	长度大于图上 15 mm 的时令河和干涸河应表示;作为河源的时令河,当长度不足图上 5 mm 时,以常年河表示;单线河采集,双线河上游到下游段用有向线采集,双线河段用面表示	■	凡重大自然环境改变、水利工程等引起的大面积变化的应进行连带更新
干涸河(干河床)								
河道干河	210301		范围线构面,有向线	国标码,河流代码、名称	HYDA、HYDL	河段用面表示	■	
漫流干河	210302		范围线构面	国标码,河流代码、名称	HYDA		■	
沟渠							沟渠宽度大于图上 0.4 mm 的用双线依比例尺表示,小于图上 0.4 mm 的用单线表示		

续表

分类	代码	图式	几何特征	属性内容	要素分层	选取与表示指标	更新指标	备注
运河	220100	0.2 0.3	范围线构面	国标码,河流代码,名称	HYDA	运河一般依比例尺表示,表示宽度以河岸间的距离确定	■	
干渠	220200	0.15 a₁	范围线构面,有向线	国标码,河流代码,名称	HYDA,HYDL	依据水利资料或外业调绘确定干渠或支渠;干渠全部表示,宽度大于实地20 m的双线依比例尺表示;支渠根据河网特征和密度选取表示,长度达到图上20 mm的应表示,密集沟渠的	■	★大型输水、引水工程的必须更新
支渠	220300	1.5 0.6 0.1	有向线	国标码,河流代码,名称	HYDL	间距一般不应小于3 mm;单线渠从上游至下游用有向线表示,双线渠按面表示	■	
坎儿井、地下渠道、暗渠	220400	0.5 a a 0.2	有向线	国标码,名称	HYDL	缺水地区的坎儿井均应表示;其他地区适当选取;采集方向为从上游到下游	■	
输水渡槽	220600	1:1.2 b a	中心线、定位点	国标码,名称	HFCL,HFCP	干渠上的应全部表示;支渠上跨越公路、铁路,河渠的应表示,跨越其他要素的图上长度大于5 mm作用的也应表示,具有明显要意的应采集名称属性;有重要意义的按依比例尺的采集中心线表示,不依比例尺的按点表示	■	含大型水利工程的应进行连带更新
输水隧道	220700	a b 1.0 1:0 0.5	中心线、定位点	国标码,名称	HFCL,HFCP	干渠上的应选取表示,支渠上的应采集表示;有重要意义属性;采集名称表示,依比例尺的用中心线表示,不依比例尺的用点表示	■	

续表

分类	代码	图式	几何特征	属性内容	要素分层	选取与表示指标	更新指标	备注
倒虹吸	220800		中心线	国标码、名称	HFCL	干渠上的应全部表示,支渠上的应选取表示;有重要意义的应采集名称属性	■	
涵洞	220900		定位点	国标码、名称	HFCP	铁路、等级公路上的择要表示,优先选取有机耕路及以上等级道路、河渠、干涵床、干沟等通过的涵洞;有重要意义的应采集名称属性	■	
干沟	221000		范围线构面、中心线	国标码、名称	HYDA、HYDL	深度大于2m且长度大于图上15mm的应表示;有方位意义的旧战场也用此要素表示;有重要意义的应采集用面表示;双线的用面表示,单线的按中心线采集	■	
湖泊								
常年湖、塘								
湖泊	230101		范围线构面	国标码、湖泊代码、名称、水质	HYDA	面积大于图上2mm²的湖泊、水库、池塘应表示;小于图上2mm²但有方位作用的小湖、国界附近的、作为河源的淡水湖和在工业和医疗上具有重要意义的矿泉湖等应表示;湖塘密集地区可适当取舍	■	因重大自然环境改变、水利工程等引起大面积变化的应进行连带更新
池塘	230102		范围线构面	国标码、名称、水质	HYDA	湖、池塘间只有田埂相隔可适当综合,不论其特征和与其他地物地貌的取舍或综合,都要注意保持其位置和与其他要素意义的标注点;有重要意义的湖泊应表示	■	
时令湖	230200		范围线构面	国标码、湖泊代码、名称、水质、时令月份、	HYDA	震堰塞湖的标注点;容量1000万立方米以上的水库有重要意义的小型水库应采集水库容属性	■	因重大自然环境改变、水利工程等引起大面积变化的应进行连带更新

续表

分类	代码	图式	几何特征	属性内容	要素分层	选取与表示指标	更新指标	备注
干涸湖、干涸水库、干涸池塘	230300		范围线构面	国标码、名称、代码	HYDA		■	
地震堰塞湖	230400		标注点	国标码、名称	HFCP		■	★重大自然环境改变引起变化的必须更新
水库								
库区								
水库	240101		范围线构面面	国标码、水库代码、名称、库容量	HYDA	（同上）	■	★大型水利工程中新建的、二型以上水库发生变化的必须更新
建筑中水库	240102		范围线构面	国标码、水库代码、名称、容量	HYDA		■	
废弃的水库	240103		标注点	国标码、名称	HFCP		■	
溢洪道	240200		范围线构面、中心线	国标码、名称	HYDA、HYDL	择要表示大中型水库的溢洪道；溢洪道宽度大于图上 0.4 mm 的用双线依比例尺表示，小于 0.4 mm 的用单线表示；双线的用面表示、单线的按中心线采集	■	

续表

分类	代码	图式	几何特征	属性内容	要素分层	选取与表示指标	更新指标	备注
海洋要素								
海岸域	250100		范围线构面	国标码	HYDA			
海岸线	250200		线	行政区划代码	BOUA		■	含重大工程等引起的变化应进行连带更新
干出线	250300		线	国标码	HYDL、BOUL			
干出滩、滩涂			线	国标码	HFCL		■	
沙滩	250401		范围线构面	国标码	HFCA	面积大于图上 4 mm² 的应表示；面积小于图上 4 mm² 的干出滩可适当合并到相距图上 2 mm 以内的较大滩地中，类型可不区分；孤立的小干出图上 4 mm² 的滩地可根据情况选取表示；成片分布的小面积滩地可进行取舍；宽度等于图上 1 mm 的干出滩，用狭窄干出滩表示	■	
沙砾滩、砾石滩	250402		范围线构面	国标码	HFCA		■	
岩石滩	250403		范围线构面	国标码	HFCA		■	
珊瑚滩	250404		范围线构面	国标码	HFCA		■	含围垦、填海等工程引起大面积变化的应进行连带更新
淤泥滩	250405		范围线构面	国标码	HFCA		■	
沙泥滩	250406		范围线构面	国标码	HFCA		■	

续表

分类	代码	图式	几何特征	属性内容	要素分层	选取与表示指标	更新指标	备注
红树林滩	250407		范围线构面	国标码	HFCA		■	
贝类养殖滩	250408		范围线构面	国标码	HFCA	（同上）	■	
狭窄干出滩	250409		线	国标码	HFCL		■	
干出滩中河道	250410		范围线构面、中心线	国标码	HFCA、HFCL	密集时可取舍表示，宽度不足图上0.4mm的河道和潮水沟可改为单线表示，并注意与相连接的以单、双线表示的河流协调一致	■	
潮水沟	250411		中心线	国标码	HFCL		■	
危险区								
危险岸区	250501		范围线构面	国标码	HFCA		■	
危险海区	250502		范围线构面	国标码	HFCA	面积大于图上25 mm² 的危险区应表示	■	
礁石								

续表

分类	代码	图式	几何特征	属性内容	要素分层	选取与表示指标	更新指标	备注
明礁	250601	1.2 ⊥...0.2	定位点	国标码,类型	HFCP	海域内明礁、暗礁、干出礁均应表示;通航的河流湖泊中一般只表示有方位作用的明礁和对航行安全有危害用的暗礁	■	
暗礁	250602	(a) (b) 1.2 ⊤	范围线构面、定位点	国标码,类型	HFCA,HFCP	和干出礁;密集时可适当取舍,大于图上1mm²的明礁作为岛屿表示	■	
干出礁	250603	(a) (b) 1.2 ⊤ 0.2	范围线构面、定位点	国标码,类型	HFCA,HFCP	礁屿;类型属性标注为岩石或珊瑚礁,依比例尺的用面表示,不依比例尺的按点表示	■	
海岛	250700		范围线构面	国标码 / 行政区划代码,行政区划名称	HYDA / BOUA	沿海地带的岛屿应全部准确表示	■	
其他水系要素								
水系交汇处	260100		线	国标码	BOUL	不同属性的面状水域的分割线,只存储与境界界构面的水系交汇处	■	
河、湖岛	260200		范围线构面	国标码	HYDA	面积大于图上0.5mm²的岛屿,孤立、著名或位于图界两侧的小岛不应舍去;河湖岛屿(沙洲)密集不能逐个表示时,可在保持其外缘轮廓和密度对比的基础上进行取舍,但不能合并	■	
沙洲	260300		范围线构面	国标码	HFCA		■	
高水界	260400	0.8 0.4 2.4 a b c	线	国标码	HFCL	与水涯线间的距离大于图上2mm时应表示;实地界线不明显的高水界不表示,水库不表示高水界	■	

续表

分类	代码	图式	几何特征	属性内容	要素分层	选取与表示指标	更新指标	备注
岸滩	260500		范围线构面	国标码、类型	HFCA	高水界与水涯线间的距离在大于图上 2 mm 时，应表示岸滩；类型属性表示为沙、泥、石、沙砾等	■	
水中滩	260600		范围线构面	国标码、类型	HFCA	面积大于图上 4 mm² 的水中滩（浅滩）应表示，小于此面积或宽度窄于图上 2 mm 的可舍去；密集时间隔小于图上 2 mm 的可适当合并表示；类型属性表示为沙、泥、石、沙砾等	■	
泉	260700		有向点	国标码、名称、类型、角度	HYDP	缺水地区的泉均应表示，其他地区适当选取	■	
水井	260800		定位点	国标码、名称、类型	HYDP	居民地外有方位作用的水井和缺水地区的水井一般都应表示	■	
水井房	260801		定位点	国标码、名称、类型	HYDP	西部荒漠地区为维护沙漠公路旁防沙灌木带专用的房屋一般均应表示	■	

续表

分类	代码	图式	几何特征	属性内容	要素分层	选取与表示指标	更新指标	备注
地热井	260900		定位点	国标码、名称、类型	HYDP	地热井为有大量天然水蒸气或水温60℃以上的水井，一般均应表示	■	
储水池、水窖	261000		范围线构面、定位点	国标码、名称、类型	HYDA、HYDP	缺水地区的均应表示，其他地区适当选取；依比例尺的用面表示，不依比例尺的按点表示	■	
瀑布、跌水	261100		有向线、定位点	国标码、名称	HFCL、HFCP	双线河流中及其他主要单线河流中应表示，其他河段内有向线可以取舍；依比例尺的用有向线表示，不依比例尺的按点表示	■	
沼泽	261200		范围线构面	国标码	HYDA	面积大于图上400 mm² 的应表示；沿河谷分布。面积大于图上100 mm² 的狭长沼泽应表示；不区分是否通行	□	
流向	261300		有向线	国标码	HFCL	有固定流向的江、河、运河和较大的沟渠表示流向	■	
水利及附属设施								
堤								

续表

分类	代码	图式	几何特征	属性内容	要素分层	选取与表示指标	更新指标	备注
干堤	270101		中心线	国标码、名称	HFCL	依据水利部门资料,对有重要防洪和防潮作用的堤全部表示;其他情况下长度大于图上5 mm,比高1.5 m以上的土堤、石堤应表示,顶宽度在大于图上0.3 mm的用	■	★大型水利工程新建的必须更新
一般堤	270102		中心线	国标码、名称	HFCL	干堤表示;提高不足1.5 m,但有方位作用的,也可按一般堤表示;有坝顶高程资料的,需要增加或更新高程点;有重要意义的要表示名称	■	
闸								
水闸	270201		有向线、定位点	国标码、名称	HFCL、HFCP	位于双线水系上的应表示,位于单线水系上,与机耕路及以上等级道路连接的一般应表示,其他的择要表示;有重要意义的要表示名称	■	★大型水闸、船闸必须更新;☆其他水闸、船闸随大型水利工程连带更新
船闸	270202		范围线构面、定位点	国标码、名称	HFCA、HFCP	有固定设施的应表示	■	
扬水站、抽水站	270300		定位点	国标码	HFCP	有固定设施的,与渠道相关的应表示,其他根据测区情况确定	■	

续表

分类	代码	图式	几何特征	属性内容	要素分层	选取与表示指标	更新指标	备注
滚水坝	270500		有向线、定位点	国标码、名称	HFCL、HFCP	位于主要河流上的均应表示，其他河流上的择要表示；依比例尺的用有向线表示，不依比例尺的按点表示	■	
拦水坝	270600		有向线、定位点	国标码、名称	HFCL、HFCP		■	★大型拦水坝必须更新；☆其他拦水坝随大型水利工程连带更新
制水坝	270700		中心线	国标码	HFCL	制水坝指防护河岸的护岸式堤坝，双线河上、长度大于图上2 mm的应表示	■	
加固岸								
有防洪墙的加固岸	270801		有向线	国标码	HFCL	长度大于图上5 mm的应表示、单线表示的河流和图上窄于图上0.7 mm的双线河流内的加固岸不表示	■	
无防洪墙的加固岸	270802		有向线	国标码	HFCL		■	
居民地及设施								
街区	310200		范围线构面	国标码	RESA	街区为房屋毗连成片，按街道（通道）分割形式排列的房屋建筑区，其表示应总体上反映居民地轮廓和分布特征。其轮廓以房屋的范围来确定；面积大于图上1.5 mm²（或长度大于图上1.1 mm，宽度大于图上1.2 mm）的应表示；当街道宽度、铁路宽度大于图上1 mm时，以及遇到面状水体时，街区不得合并表示	■	★县（含）以上等级地居民地街区必须全部更新；新增的、整体迁移的、以及面积变化大的乡镇居民地必须更新；

续表

分类	代码	图式	几何特征	属性内容	要素分层	选取与表示指标	更新指标	备注
		（同上）				其凸凹部分一般在小于图上0.5～1mm时,根据居民地规模和轮廓特征可综合表示;街区外围的空地应子表示,街区内的零散房屋与街区在图上的距离小于图上0.5mm以内的可与街区合并,离开街区距离大于0.5mm的零散房屋可视情况适当综合取舍;密集分布的街区、房屋分别取图上0.2mm,长、宽1.2mm,1mm的农村居民地应按街区表示		新增的大型村落、工矿区必须更新
高层建筑区	310500		范围线构面	国标码	RESA	城市中10层以上高层建筑物比例达到60%,且面积图上100mm²的按高层建筑区表示	■	
空地	311200		范围线构面	国标码	RESA	街区内的空地,施工区按照城市规模和街区特征,面积大于图上2～8mm²的应子以表示;街区外空地面积大于图上8mm²的应子以表示;施工区内已成型的道路按相应道路类别采集	■	★县级以上(含)级居民地及其周边街区的施工区必须全部更新
施工区	311300		范围线构面	国标码	RESA		■	

续表

分类	代码	图式	几何特征	属性内容	要素分层	选取与表示指标	更新指标	备注
单幢房屋、普通房屋	310300	(a) 0.5×0.7　(b) 0.5　(c)　(d)	轮廓线、构面、中心线、有向点	国标码、角度	RESA、RESL、RESP	表示街区式居民地外围或散列式的居民地,应反映居民地的分布特征;长、宽分别在图上0.7 mm,0.5 mm的房屋用不依比例尺的房屋表示;凡长度大于图上0.7 mm,宽度在图上0.5 mm以内的单幢房屋,或三、五幢房屋排成一行,宽度小于图上0.5 mm,各幢间隔小于图上0.2 mm时,用半依比例尺房屋表示;长、宽分别大于图上0.7 mm,0.5 mm的单栋房屋用依比例尺房屋表示	■	
棚房	310600	(a)　0.4 0.8　(b) 0.8 1.2　(c)　(6~10)	轮廓线、构面、中心线、有向点	国标码、角度	RESA、RESL、RESP	依比例尺表示的棚房,一般应表示;不依比例尺的棚房仅在地物较少地区并具有方位作用时才表示;依比例尺的用面表示,不依比例尺的按有向点表示	■	
破坏房屋	310700	(a)　(b) 0.8 1.2	轮廓线、构面、有向点	国标码、角度	RESA、RESP	主要表示街区周围及单独存在的房屋,只表示有方位作用的并视面积大小分别用依比例尺或不依比例尺的符号按真方向表示;依比例尺的用面表示,不依比例尺的按有向点表示	■	
其他房屋								

续表

分类	代码	图式	几何特征	属性内容	要素分层	选取与表示指标	更新指标	备注
地面窑洞	311001	1.2 1.0 (mm)	范围线、构面、有向线、有向点	国标码、角度	RESA、RESL、RESP	毗连成排，长度大于图上2 mm的用有向线表示；在坡壁上呈多层分布，排间距小于图上0.2 mm的窑洞式居民区用面表示；散列分布的窑洞，在其分布范围内择要表示；无方位意义的零散窑洞或废弃窑洞一般不表示	■	
地下窑洞	311002		有向点	国标码、角度	RESP		■	
蒙古包、放牧点	311003	1.0 ⌂(3-6) 2.0	范围线、构面、定位点	国标码	RESA、RESP	属地物稀少地区、具有一定的方位作用、固定的蒙古包、放牧点应表示；依比例的用面表示，不依比例尺的按点表示	■	
晾房	311004		范围线、构面、中心线、定位点	国标码	RESA、RESL、RESP	西部晾晒葡萄和水果的专用房屋，一般应表示	■	
其他用途房屋	311005	1.0 ▯	范围线、构面、中心线、有向点	国标码	RESA、RESL、RESP	包括各种用途房及西部特有的避风房和其他用途房屋，一般应表示	■	
地震灾区临时安置板房	311006	▪	范围线、构面、中心线、有向点	国标码、角度	RESA、RESL、RESP	有重要意义的应表示	■	因灾后重建引起变化的应进行连带更新
政府位置								

续表

分类	代码	图式	几何特征	属性内容	要素分层	选取与表示指标	更新指标	备注
省级政府	311102		定位点	国标码	RESP		■	★全部更新
地级政府	311103		定位点	国标码	RESP		■	
县级政府	311104		定位点	国标码	RESP		■	★新
乡级政府	311105		定位点	国标码	RESP	表示各级政府驻地位置，全部表示	■	★新增的，整体迁移的乡级政府必须更新政府位置
工矿及其设施								
工矿企业								
发电厂（站）	320101	1.8 ✖ ：0.7	定位点	国标码、名称、类型	RFCP	街区式居民地以外的一般均应表示；街区式居民地内部的表示高大突出、有一定方位作用或有历史、文化和经济意义的；对于密集分布的可做适当取舍，应反映分布范围和特征；光伏、生物发电厂（站）在厂房或设备集中采集定位点，类型赋光伏、生物；光伏发电设备按露天设备表示，类型赋光伏；面积大于图上 2 mm² 的盐田应表示，面积大于图上 8 mm² 的液、气存储设备应按面表示	■	含新增的大型的应进行连带更新
水厂	320102	2.3 田 水	标注点	国标码	RFCP		■	
污水处理厂	320103	1.4 ✖ 煤	标注点	国标码	RFCP		■	
矿井	320200	✖ 煤	定位点	国标码、类型	RFCP		■	
露天采掘场	320300	石	范围线构面	国标码、类型	RFCA		■	
乱掘地	320400		范围线构面	国标码、类型	RFCA		■	
管道井（油、气）	320500	2.2 0.9 井 ::1.0 0.25 ▲油 2.0	定位点	国标码、类型	RFCP		■	
盐井	320600		定位点	国标码	RFCP		■	
废弃矿井	320700	✖ 1.4	定位点	国标码、类型	RFCP		■	

续表

分类	代码	图式	几何特征	属性内容	要素分层	选取与表示指标	更新指标	备注
海上平台	320800	(a) 油 (b) 气 凸 1.5 / 2.0	轮廓线构面、定位点	国标码、类型	RFCA、RFCP		■	
地质勘探设施								
探槽	320902	探 0.2	中心线	国标码	RFCL		■	
液、气储存设备	321000	1.4 油 油	范围线构面、标注点	国标码、类型	RFCA、RFCP		■	
碉楼	321100	1.5	定位点	国标码、类型	RFCP		■	
工业塔形、塔类建筑								
散热塔	321101	2.2 0.9 散热	定位点	国标码	RFCP		■	
蒸馏塔	321102		定位点	国标码	RFCP		■	
瞭望塔、观光塔	321103		定位点	国标码	RFCP		■	
水塔	321104	2.1 1.2 凸	定位点	国标码	RFCP	（同上）	■	
水塔烟囱	321105	2.2 1.2	定位点	国标码	RFCP		■	
烟囱	321106		定位点	国标码	RFCP		■	
放空火炬	321108		定位点	国标码	RFCP		■	
盐田、盐场	321200	(a) 盐田 (b) 1.5 2.2 田	范围线构面、定位点	国标码	RFCA、RFCP			
窑	321300	0.6 1.3 i:3	定位点	国标码、类型	RFCP		■	
露天设备	321400	0.7 天 1.5 1.5	范围线构面、定位点	国标码、类型	RFCA RFCP		■	

续表

分类	代码	图式	几何特征	属性内容	要素分层	选取与表示指标	更新指标	备注
露天货场（栈）、选矿场，材料堆放场	321600		范围线构面	国标码	RFCA	面积大于图上 8 mm² 的应表示	■	
农业及其设施								
饲养场	330200		范围线构面、定位点	国标码	RFCA、RFCP	居民地以外面积大于图上 1.5 mm² 的按面表示，西部地区稀少地物面积小于图上 1.5 mm² 的按点表示	■	
水产养殖场	330300		范围线构面	国标码	RFCA	固定的、成片分布的，面积大于图上 16 mm² 的应表示	■	
温室、大棚	330400		轮廓线构面	国标码	RFCA		■	
粮仓(库)	330500	(a) (b)	范围线构面、定位点	国标码	RFCA、RFCP	表示固定的储备粮食的建筑物	■	
附属设施								
水磨房、水车	330601		定位点	国标码	RFCP	大型的、有重要意义的应表示	■	
风磨房、风车	330602		定位点	国标码	RFCP	大、大型的打谷场作为空地表示	■	
储草场	330604	(a) 草 (b) 草	范围线构面、定位点	国标码	RFCA、RFCP		■	
药浴池	330605		定位点	国标码	RFCP		■	
公共服务及设施								
口岸	340802		标注点	国标码、名称	RFCP	供人员、货物出入国境的港口、机场、车站、通道等，一般应表示	■	★必须全部更新

续表

分类	代码	图式	几何特征	属性内容	要素分层	选取与表示指标	更新指标	备注
文教卫生								
学校	340101	(a) 2.0 ⊗　(b) 1.6 ✠	标注点	国标码、名称	RFCP	居民地外的一般应表示，居民地内大型的大学和中学应表示	■	
医院	340102	2.0 ⬡	标注点	国标码、名称	RFCP	居民地外的一般应表示，居民地内的大型的应表示	■	
专用供氧点	340801	⬠	标注点	国标码、名称	RFCP	高原上提供氧气的固定场所，一般应表示	■	
馆(科技馆、博物馆、展览馆等)	340103	■ 1.1 1.3	标注点	国标码、名称	RFCP	除体育馆外的大型馆所应表示	■	
休闲娱乐、景区								
游乐场	340301	2.3 1.5 ⌂	标注点	国标码、名称	RFCP	大型的应表示	■	
公园	340302	⬙	标注点	国标码、名称	RFCP	大型的、重要的应表示	■	
陵园	340303	2.3 1.5 ⌂	标注点	国标码、名称	RFCP	著名的应表示	■	
动物园	340304		标注点	国标码、名称	RFCP		■	
植物园	340305		标注点	国标码、名称	RFCP			
体育								
露天体育场	340401	(a) ⬭ 0.3 (b) 0.9 1.7 ○	范围线构面、标注点	国标码、名称	RFCA, RFCP	大型的公共体育场应表示，标注名称；依比例尺的用面表示，不依比例尺的按点表示	■	
高尔夫球场	340402	(a) ⬭ 0.3 (b) 2.3 1.5 ⏚	范围线构面、标注点	国标码、名称	RFCA RFCP	大型的重要的应表示，标注名称；依比例尺的用面表示，不依比例尺的按点表示	■	★新增的必须更新
体育馆	340403	(a) ⬛ 0.5 (b) ■ 1.1 1.3	标注点	国标码、名称	RFCP	大型的公共体育馆应表示，标注名称	■	大型的
游泳场、池	340404	(a) 2.2 0.9 ◒ (b) 1.0 ⚏ 泳	标注点	国标码、名称	RFCP	大型的应表示	■	
跳伞塔	340405	⛱	定位点	国标码、名称	RFCP	大型的应表示	■	

续表

分类	代码	图式	几何特征	属性内容	要素分层	选取与表示指标	更新指标	备注
公共传媒与通信								★必须全部更新
电视发射塔	340504	凸	定位点	国标码、名称	RFCP		■	
移动通信塔	340505	1.8 0.6 3 通信	定位点	国标码、名称	RFCP	居民地外的、固定的、有方位意义的、大型的铁塔应表示，居民地内的一般不表示	■	
微波塔	340506		定位点	国标码、名称	RFCP		■	
环卫设施								
垃圾台（场）	340602	垃圾场	范围线构面	国标码、名称	RFCA	大型的应表示	■	
殡葬设施								
公墓	340701		范围线构面	国标码、名称	RFCA	面积大于图上 4 mm² 的应表示	■	
坟地	340702		范围线构面	国标码	RFCA		■	
独立坟	340703	凸 1.0	定位点	国标码、名称	RFCP	有历史意义的应表示	■	
殡葬场所	340704	2.0	标注点	国标码、名称	RFCP	一般应表示，场所内的建筑物作为街区或房屋表示；在其主要建筑物中心加标注点，如无主要建筑物，在范围中心加标注点	■	
名胜古迹								
古迹、遗址	350100	2.0 1.0 5	定位点	国标码、名称	RFCP		■	
烽火台	350101	5 ☆	定位点	国标码、名称	RFCP	高大、有纪念意义或有方位意义的应表示；有建筑物的，建筑物作为街区或房屋表示	■	
旧碉堡、旧地堡	350102	1.6 =0.4 1:2	定位点	国标码、名称	RFCP		■	
地震纪念遗址	350103		范围线构面、标注点	国标码、名称	RFCA、RFCP		■	
碑、像、坊、楼、亭								

续表

分类	代码	图式	几何特征	属性内容	要素分层	选取与表示指标	更新指标	备注
纪念碑、柱、墩	350201		定位点	国标码、名称	RFCP		■	
北回归线标志塔	350202		定位点	国标码、名称	RFCP		■	
牌楼、牌坊、彩门	350203		定位点	国标码、名称	RFCP		■	
钟鼓楼、城楼、古关塞	350204		定位点	国标码、名称	RFCP		■	
亭	350205		定位点	国标码、名称	RFCP	高大，有纪念意义或有方位意义的应表示；有建筑物的、建筑物作为街区或房屋表示	■	
文物碑石	350206		定位点	国标码、名称	RFCP		■	
塑像	350208		定位点	国标码、名称	RFCP		■	
宗教设施								
庙宇	360100		标注点	国标码、名称	RFCP		■	
清真寺	360200		标注点	国标码、名称	RFCP		■	
教堂	360300		标注点	国标码、名称	RFCP		■	
宝塔、经塔	360400		定位点	国标码、名称	RFCP		■	
敖包、经堆	360500		定位点	国标码、名称	RFCP		■	
晒佛台	360600		定位点	国标码、名称	RFCP	藏传佛教宗教活动时展示佛像的专用场所，一般应表示	■	
科学观测站								
科学观测台（站）								

续表

分类	代码	图式	几何特征	属性内容	要素分层	选取与表示指标	更新指标	备注
气象站	370101		标注点	国标码、名称	RFCP	地表有固定点位，且有监测设施的应表示	■	
水文站	370102		标注点	国标码、名称	RFCP		■	
地震台	370103		标注点	国标码、名称	RFCP		■	
天文台	370104		标注点	国标码、名称	RFCP		■	
环保监测站	370105		标注点	国标码、名称	RFCP		■	
卫星地面站	370200		标注点	国标码、名称	RFCP	固定的应表示	■	
科学试验站	370300		标注点	国标码、名称	RFCP		■	
其他建筑物及设施								
坡墙、长城								
砖石城墙（完好）	380101		有向线	国标码、名称	RFCL	砖石城墙一般均应表示	■	
砖石城墙（破坏）	380102		有向线	国标码、名称	RFCL		■	
垣栅								
围墙	380201		有向线	国标码	RFCL	居民地外的土坡墙、围墙或高2 m 以上的土墙、土围、累石围应表示，围墙长度小于图上20 mm 时不表示，居民地内的一般不表示	■	
栅栏	380202		中心线	国标码	RFCL	居民地外的高1.5 m 以上的、长度大于图上20 mm 时应表示；高度不足1.5 m，但确有方位作用的也应表示；居民地内的一般不表示	■	
篱笆	380203		中心线	国标码	RFCL		■	
铁丝网、电网	380205		中心线	国标码	RFCL		■	
交通								
铁路								

续表

分类	代码	图式	几何特征	属性内容	要素分层	选取与表示指标	更新指标	备注
标准轨铁路								
单线标准轨	410101		中心线	国标码,道路编号,名称,类型	LRRL	均应表示;通往工矿区及工厂内的支线铁路短于图上 10 mm 的可酌情舍去;当岔线较密不能全部表示时,可只选取主要的线路表示;电气化高速铁路赋属性"高铁";高架电气化高速铁路,类型属性赋"高铁/高架"	■	
复线标准轨	410102		中心线	国标码,道路编号,名称,类型	LRRL		■	★ 必须全部更新
建设中铁路	410103		中心线	国标码,道路编号,名称,类型	LRRL		■	
窄轨铁路								
单线窄轨	410201		中心线	国标码,道路编号,名称,类型	LRRL		■	★ 必须全部更新
复线窄轨	410202		中心线	国标码,道路编号,名称,类型	LRRL		■	
车站及附属设施								
火车站	410301		有向点	国标码,车站编号,角度	LFCP	均应表示;火车站房屋按照街区或房屋表示,火车站在站内从站中用有向点表示,方向主要铁轨上用有向直指铁轨	■	★ 必须全部更新
乘降所	410302		定位点	国标码	LFCP		■	
天桥	410308		中心线	国标码	LFCL		■	
站线	410305		范围线	国标码	LFCL		■	
观景台	410309		定位点	国标码	LFCP	青藏铁路区域沿途设置的有观景区域的站台;全部表示,定位点采集在观景台中心位置	■	
城际公路								

续表

分类		代码	图式	几何特征	属性内容	要素分层	选取与表示指标	更新指标	备注
国道	建成	420101	(G331)	中心线	国标码、道路编号、名称、技术等级、道路行政归属、车道数、铺设材料、单双向、路宽、类型	LRDL	一般都应表示	■	★ 必须全部更新
	建筑中	420102		中心线	国标码、道路编号、名称、技术等级、道路行政归属、车道数、铺设材料、单双向、路宽、类型	LRDL		■	
省道	建成	420201	(S331) 进港公路	中心线	国标码、道路编号、名称、技术等级、道路行政归属、车道数、铺设材料、单双向、路宽、类型	LRDL		■	★ 必须全部更新
	建筑中	420202		中心线	国标码、道路编号、名称、技术等级、道路行政归属、车道数、铺设材料、单双向、路宽、类型	LRDL		■	

续表

分类	代码	图式	几何特征	属性内容	要素分层	选取与表示指标	更新指标	备注
县道								
建成	420301		中心线	国标码、道路编号、名称、技术等级、道路行政归属、车道数、铺设材料、单双向、路宽、类型	LRDL	一般都应表示	■	★必须全部更新
建筑中	420302		中心线	国标码、道路编号、名称、技术等级、道路行政归属、车道数、铺设材料、单双向、路宽、类型	LRDL		■	★必须全部更新
乡道	420400		中心线	国标码、道路编号、名称、技术等级、道路行政归属、车道数、铺设材料、单双向、路宽、类型	LRDL		■	★必须全部更新
专用公路	420500		中心线	国标码、道路编号、名称、技术等级、道路行政归属、车道数、铺设材料、单双向、路宽、类型	LRDL		■	★必须全部更新

续表

分类	代码	图式	几何特征	属性内容	要素分层	选取与表示指标	更新指标	备注
其他公路	420800		中心线	国标码,道路编号,名称,技术等级,道路行政归属,车道数,单双向,路宽,铺设材料,路面类型	LRDL	一般都应表示	■	★新增的长度大于图上10cm的必须更新
面道	420600		中心线	国标码	LFCL		■	
城市道路 轨道交通 地铁	430101		中心线	国标码,名称	LRRL	一般都应表示	■	☆新增的大面积内居民区内的应进行连带更新
轻轨,磁悬浮	430102		中心线	国标码,名称,类型	LRRL		■	
快速路	430200		中心线	国标码,道路编号,名称,类型	LRDL	快速路应为城市中大量、长距离,快速交通服务,其对向车行道之间应设中间分车带,其进出口应采用全控制或部分控制	■	
街道 主干道	430501		中心线	国标码,道路编号,名称,行政归属,类型	LRDL	一般情况下县级及以上城市和大型乡镇,大型村镇内主要交通要道表示为主干道,其他乡镇表示为次要干道和支线的农村居民地中,视要求	■	☆新增的大面积内居民区内的应进行连带更新
次干道	430502		中心线	国标码,名称,道路行政归属,类型	LRDL	和街道式表示的农村居民地中,视道路实际情况,一般与外部公路相连通的街道及街区内的主路相连通的道路应带更新	■	☆新增的大面积内居民区内的应进行连带更新

续表

分类	代码	图式	几何特征	属性内容	要素分层	选取与表示指标	更新指标	备注
支线	430503	（同上）	中心线	国标码、道路编号、名称、道路行政归属、类型	LRDL	要道表示为次干道，其他视情况表示为支线；主干道全部表示，次干道和支线根据城市特点选取表示；街道选取注意保持街道图形的结构特征（如矩形、梯形、不规则形），并正确显示街区内部的通行情况	■	
内部道路	430600		中心线	国标码、名称	LRDL	城市主干道和有重要意义的次干路段不单独表示，按照城市主干道或次干道表示，加注高架类型属性	■	
乡村道路								★连接高等级道路及乡镇以上居民地的，通达长远的重要乡村道路应尽量更新
机耕路（大路）	440100	0.2 ——————　1.0	中心线	国标码	LRDL	机耕路一般应表示，密集时可进行取舍	■	
乡村路	440200	0.15 ┈┈┈┈　1.0 4.0	中心线	国标码	LRDL	乡村路根据道路网的密集程度表示	■	
小路	440300	0.15 ┄┄┄┄　2.0	中心线	国标码	LRDL	小路视具体情况进行取舍，人烟稀少或交通欠发达地区的应表示	■	
时令路	440400	0.3 ‥‥‥‥　0.8 1.6　(4-10)	中心线	国标码、通行月份	LRDL	人烟稀少地区的或通达重要地点的一般表示	■	
山隘	440500	╴ ╴ ╳ ╴ ╴　1.0 1.5　(4-10)	定位点	国标码、名称、通行月份	LFCP		■	

续表

分类	代码	图式	几何特征	属性内容	要素分层	选取与表示指标	更新指标	备注
栈道	440600		中心线	国标码、名称	LRDL		■	
道路构造物及附属设施								
服务设施								
地铁站	450101		定位点	国标码、名称	LFCP	全部表示,定位点应采集在地铁或轻轨线上	■	☆随地铁、轻轨更新
轻轨站	450102		定位点	国标码、名称	LFCP	铁或轻轨线上	■	
长途汽车站	450103		定位点	国标码、名称	LFCP	县级以上居民地内的汽车客运总站应表示,一个居民地内有较多车站时可取舍	■	
加油(气)站、充电站	450104		定位点	国标码、类型	LFCP	街区外的大型和重要的应表示,街区内的一般不表示,类型赋油、气、电等	■	
停车场、服务区	450105		定位点	国标码、名称	LFCP	居民地外公路上的大型停车场及高速公路上的服务区应表示,范围大的按空地表示	■	
收费站	450106		定位点	国标码、名称	LFCP		■	
车行桥								
铁路桥	450305		中心线、定位点	国标码、名称、层数	LFCL、LFCP	跨越双线河、渠道的及铁路、公路上长度大于图上0.8 mm的桥梁都应表示,其他桥梁依据与道路的连接情况作为可选表示;载重量作为可选属性,依比例尺的桥采集中心线,不依比例尺桥梁采集桥梁定位点	■	★新增的大型桥梁必须更新
公路桥	450306		中心线、定位点	国标码、名称、载重量、层数	LFCL、LFCP		■	
铁路公路两用桥	450307		中心线、定位点	国标码、名称、载重量、层数	LFCL、LFCP		■	☆铁路、公路更新后相关的桥梁应进行连带更新

续表

分类	代码	图式	几何特征	属性内容	要素分层	选取与表示指标	更新指标	备注
立交桥	450308	(a)(b)	桥边线、定位点	国标码、名称	LFCL、LFCP	多层互通式立交桥采集为立交桥边线。依比例尺立交桥采集边线，不依比例尺立交桥采集定位点	■	
人行桥	450500	(a)(12-2)(b)	中心线、定位点	国标码、名称、类型	LFCL、LFCP	与道路连接的人行桥，双线河上或有重要意义的过街道路上的过街天桥按人行桥表示；依比例尺的人行桥按采集中心线，不依比例尺的采集定位点	□	
隧道								
火车隧道	450601		中心线、定位点	国标码、名称	LFCL、LFCP	长度大于图上1mm的隧道，明峒应表示；依比例尺的可适当选取；依比例尺的采集中心线，不依比例尺的采集定位点	■	凡铁路、公路更新后相关的隧道应进行连带更新
汽车隧道	450602		中心线、定位点	国标码、名称	LFCL、LFCP		■	
明峒								
火车明峒	450701		中心线、定位点	国标码、名称	LFCL、LFCP		■	
汽车明峒	450702		中心线、定位点	国标码、名称	LFCL、LFCP		■	
公路标志								
中国公路零千米标志	451001		定位点	国标码	LFCP		■	
路标	451002		定位点	国标码	LFCP	地物稀少地区，有方位作用的应表示	■	
里程碑	451003		定位点	国标码、千米数	LFCP	公路上的里程碑一般不表示，地物稀少地区选择表示	■	

续表

分类	代码	图式	几何特征	属性内容	要素分层	选取与表示指标	更新指标	备注
野生动物通道	451100	××野生动物通道 黑体1.8 mm高	定位点	国标码、名称	LFCP	为保证野生动物的正常生活和迁徙繁殖，专门修建野生动物通道，会通过桥梁、涵洞或直接穿越公路和铁路，一般应表示；数据中除桥梁、涵洞，道路需依照规定表示外，在穿越的道路上采集定位点表示通道	■	
铁路、公路散热棒	451200		中心线	国标码	LFCL	西部地物稀少地区应表示		
防风墙	451300	0.5	中心线	国标码	LFCL	为保障道路运输而修建的防风防沙设施，可依照实际情况选取表示其分布状况	■	
水运设施								
船码头								
水运港客运站	460101	2.9	定位点	国标码、名称	LFCP	一般应表示	■	
固定顺岸码头	460102	0.4	中心线	国标码	LFCL		■	
固定堤坝码头	460103	1.6　0.4	范围线、中心线	国标码	LFCL		■	★新增的大型船码头必须更新
栈桥式码头	460104		中心线	国标码	LFCL		■	
浮码头	460105	0.8 2.3	中心线	国标码	LFCL		■	
干船坞	460106		有向点	国标码、角度	LFCP		■	
防波堤	460200	1.0　0.2	中心线	国标码	LFCL	防护港口、海湾的护岸式堤坝，一般应表示	■	

续表

分类	代码	图式	几何特征	属性内容	要素分层	选取与表示指标	更新指标	备注
停泊场	460300	2.6 2.4	定位点	国标码	LFCP	一般应表示	■	
助航标志								
灯塔	460401		定位点	国标码、名称	LFCP	应全部表示	■	
灯桩	460402	1.0 0.6 1.8 60°	定位点	国标码	LFCP		■	
灯船	460403	1.0 1.5 1.8 0.8	定位点	国标码	LFCP	择要表示	■	
浮标	460404	0.7 1.4 1.8	定位点	国标码	LFCP		■	
岸标、立标	460405	1.8 0.6	定位点	国标码	LFCP		■	
信号杆	460406	1.8 1.2 0.5	定位点	国标码	LFCP		■	
空运设施								
机场	480100	✈ 3.0	标注点	国标码、名称	LFCP	全部表示，仅民用机场赋名称	■	★必须全部更新
其他交通设施								
简易轨道	490200	0.5 2.0 3.0 0.5 0.4	中心线	国标码	LFCL	工矿区内的应表示	■	
架空索道	490300		中心线	国标码、名称	LFCL	固定的，长度大于图上10 mm的应表示	■	
渡口								
火车渡	490501	1.0 0.5 0.3	中心线	国标码、名称	LFCL	与道路相连接的应表示，其他的可舍去	■	凡铁路、公路更新后相关的火车渡、汽车渡应进行连带更新
汽车渡	490502	1.0 0.5 0.3	中心线	国标码、名称	LFCL		■	

续表

分类	代码	图式	几何特征	属性内容	要素分层	选取与表示指标	更新指标	备注
人渡	490503		中心线	国标码、名称	LFCL		■	
汽车徒涉场	490504		中心线	国标码、名称	LFCL	（同上）	■	
行人徒涉场	490505		中心线	国标码、名称	LFCL		■	
管线								
输电线								
高压输电线	510100		中心线	国标码、名称、电压值	PIPL	高于35 kV的高压输电线应表示，35 kV及以下的高压输电线只在地物稀少的地区酌情表示；多条电力线重复、电压值不同时，应分别表示，赋各自属性；当电压值相同时，一般只采集一条，名称项按"线路名称1/线路名称2……"赋值；地名层按属性集，地名定位点采集在线路上	■	★500 kV（含）以上的高压电线必须更新，220（含）～500 kV高压输电线尽量更新
高压输电线入地口	510103		定位点	国标码	PIPP	与选取的高压输电线有关的入地口应表示	■	☆高压输电线更新后相关的入地口应连带更新
变电设备								
变电站（所）	510401		标注点	国标码、名称	PIPP	与选取的高压输电线有关的变电站（所）应表示	■	☆高压输电电线更新后相关的变电站连带更新
通信线								
陆地通信线								

续表

分类	代码	图式	几何特征	属性内容	要素分层	选取与表示指标	更新指标	备注
地上	520101		中心线	国标码、名称	PIPL	主要通信线应表示，城市内的	■	
地下	520102		中心线	国标码、名称	PIPL	一般不表示	■	
油、气、水输送主管道								
地上管道	530400		中心线	国标码、名称、类型	PIPL	城市间大型油、气输送管线应表示，城市内的不表示	■	★新增的国道大型管道必须更新
地下管道	530500		中心线	国标码、名称、类型	PIPL	相关的，长度大于图上 10 mm 的输水管道应表示，长度小于图上	■	
架空管道	530600		中心线	国标码、名称、类型	PIPL	上 10 mm 的按照其连接水系类别表示	■	
境界与政区								
国外政区								
国外区域	610100		范围线构面	外国政区代码、名称	BOUA		■	
国界线	610200		线	国标码	BOUL		■	★必须全部更新
国外特殊行政管理区域	610400		范围线构面	外国政区代码、名称	BOUA		■	
国外特殊行政管理区界线	610500		线	国标码	BOUL		■	
国家行政区								
行政区域								
国界线							发生变化的应全部更新	
已定界	620201		线	国标码	BOUL	县级及以上等级行政界线、界桩、界碑均应表示，只表示县		
未定界	620202		线	国标码	BOUL	级行政区域，面积小于图上 10 cm² 飞地一般不表示	■	★必须全部更新
界桩、碑	620300		定位点	国标码、界碑号	BOUP		■	
省级行政区								
行政区域								
行政区界线								

续表

分类	代码	图式	几何特征	属性内容	要素分层	选取与表示指标	更新指标	备注
已定界	630201		线	国标码	BOUL			★必须全部更新
未定界	630202		线	国标码	BOUL			
界桩、碑	630300		定位点	国标码、界碑号	BOUP			
特别行政区界线	630400		线	国标码	BOUL			
地级行政区								
行政区区域						（同上）		★必须全部更新
行政区界线								
已定界	640201		线	国标码	BOUL			★必须全部更新
未定界	640202		线	国标码	BOUL			
界桩、碑	640300		定位点	国标码、界碑号	BOUP			
县级行政区								
行政区区域	650100		范围线构面、标注点	行政区划代码、名称	BOUA			★必须全部更新
行政区界线								
已定界	650201		线	国标码	BOUL			★必须全部更新
未定界	650202		线	国标码	BOUL			
界桩、碑	650300		定位点	国标码、界碑号	BOUP			
其他地区								
自然、文化区								
自然、文化保护区域	670101		范围线构面、标注点	国标码、名称	BRGA、BRGP	国家或省级人民政府颁布的自然保护区、国家森林公园,以及5A级以上风景或旅游区应表示;有明确界线表示并采集标注点;没有明确界限的按标注点采集	□	★新设立的国家级的必须更新,有明确界线的尽量调绘更新
自然、文化保护区界	670102		有向线	国标码	BRGL		□	
特殊地区								

续表

分类	代码	图式	几何特征	属性内容	要素分层	选取与表示指标	更新指标	备注
特殊地区区域	670201		范围线构面、标注点	国标码、名称	BRGA、BRGP		■	★区域性地貌变化过1个等高距面积超过4 cm²的必须更新
特殊地区界线	670202		线	国标码	BRGL		■	
开发区、保税区								
开发区、保税区区域	670401		范围线构面、标注点	国标码、名称	BRGA、BRGP	国家级的高新技术开发区、经济开发区、农业开发区、保税区等应表示	■	
开发区、保税区界线	670402		线	国标码	BRGL		■	
地貌								
等高线						根据区域地形特征，按照平地10 m或5 m，丘陵10 m，山地20 m等高距表示等高线；等高线表示地形时，应根据不同地区地貌类型特点，正确表示山脊、山头、谷地、斜坡及鞍部的形态特征		
等高线								
首曲线	710101	(a) 0.1	线	国标码、高程	TERL		地貌变化超过1个等高距	
计曲线	710102	(b) 0.2	线	国标码、高程	TERL			
间曲线	710103	(c) 0.1	线	国标码、高程	TERL			
助曲线	710104	(d) 0.1	线	国标码、高程	TERL			
草绘等高线								
首曲线	710201		线	国标码、高程	TERL			
计曲线	710202		线	国标码、高程	TERL			
雪被冰川等高线							地貌变化面积超过图上100 mm²的应更新	
首曲线	710301	(a) 0.1	线	国标码、高程	TERL			
计曲线	710302	(b) 0.2	线	国标码、高程	TERL			

续表

分类	代码	图式	几何特征	属性内容	要素分层	选取与表示指标	更新指标	备注
高程注记点								
高程点	720100	0.3 •1520 •—15	标注点	国标码、高程	TERP	按地貌特征选取表示，地貌形态比较破碎且复杂的地区应数量较多，比较完整且简单的地区应量较少；优先选取测量高点、凹地最低点、区域内最高点、主要湖泊水位点、河流交汇处、道路交叉处及有名的山峰、山隘等的高程点	■	☆区域性地貌变化高程点更新时高程变化应进行连带更新
水域等值线								
等深线	730200	~10	线	国标码、高程	TERL		水底地貌变化高差超过1个等高距且高程变化面积超过图上100 mm² 的应更新	

续表

分类		代码	图式	几何特征	属性内容	要素分层	选取与表示指标	更新指标	备注
水下注记点									
水深点		740100	a_2 2 a_1 2	标注点	国标码、高程	TERP	按照浅水区密度密、深水区密度稀的原则,根据海底航道两侧选取表示;优先选取航道两侧浅滩、河口、岛、礁周围及地形陡变处的水深点和干出高度点	■	
干出高度点		740300		标注点	国标码、高程	TERP		■	
自然地貌									
峰柱									
岩峰		750101	1.8 1.0 ▲13	定位点	国标码、名称	TERP	高大、有方位作用的应表示	■	
黄土柱		750102		定位点	国标码、名称	TERP		■	
独立石		750103	◢	定位点	国标码、名称	TERP	地面上长期存在的、具有方位意义的,较大的独立石块应表示	■	
土堆		750104	(a) 5	范围线构面、定位点	国标码、名称	TERA、TERP	高大、有方位作用的用面表示,不依比例尺的按点表示	■	
石堆		750105	(b) ◇:::1.2 0.4	范围线构面、定位点	国标码、名称	TERA、TERP	依比例尺按面表示,不依比例尺的按点表示	■	
漏斗									
岩溶漏斗		750201	1.2 ⌐1.8	定位点	国标码	TERP	重要的,有方位作用的应表示	■	
黄土漏斗		750202		定位点	国标码	TERP		■	
坑穴		750203	(a) (b) 1.5 ◯ 2.3	范围线构面、定位点	国标码	TERA、TERP	坑深大于图上 2 m 的择要表示;依比例尺的用面表示,不依比例尺的按面表示	■	

续表

分类	代码	图式	几何特征	属性内容	要素分层	选取与表示指标	更新指标	备注
山洞，溶洞	750300		有向点	国标码、名称、角度	TERP	大型、著名的应表示	■	
火山口	750400		定位点	国标码、名称	TERP		■	
沟壑								
冲沟	750501		有向线	国标码	TERL	长度大于图上 6 mm 的应表示；不依比例尺表示的冲沟按照从高到低表示的冲沟按照沟底在数字化前进方向的右侧采集	■	
陡崖（坎，岸）								
土质陡崖、土质有滩陡岸	750601		有向线	国标码	TERL		■	
石质陡崖、石质有滩陡岸	750602		有向线	国标码	TERL	长度大于图上 5 mm，比高大于 2 m 的应表示	■	
土质无滩陡岸	750603		有向线	国标码	TERL		■	
石质无滩陡岸	750604		有向线	国标码	TERL		■	

续表

分类	代码	图式	几何特征	属性内容	要素分层	选取与表示指标	更新指标	备注
陡石山、露岩地								
陡石山	750701		范围线构面	国标码	TERA	长度大于图上 5 mm，宽 2 mm 以上的应表示，小于此尺寸时，可改用等高线表示	■	
露岩地	750702		范围线构面	国标码	TERA	成片分布的一般应表示	■	
岩墙	750703		中心线	国标码	TERL	比高大于 2 m，长度大于图上 5 mm 的应表示	■	
沙地								
平沙地	750801		范围线构面	国标码	TERA	面积大于图上 100 mm² 的应表示	□	
灌丛沙堆	750802		范围线构面	国标码	TERA		□	
新月形沙丘	750803		范围线构面	国标码	TERA		□	
垄状沙丘	750804		范围线构面	国标码	TERA		□	
窝状沙地	750805		范围线构面	国标码	TERA		□	

续表

分类	代码	图式	几何特征	属性内容	要素分层	选取与表示指标	更新指标	备注
冰雪地	750900		范围线构面	国标码	TERA	应正确表示冰雪地分布特征，面积大于图上 10 mm² 的应表示，零散分布的、面积不足图上 10 mm² 的可适当合并或等大表示	■	
地质灾害地貌								
沙土崩崖	751001		范围线构面	国标码	TERA		■	
石崩崖	751002		范围线构面	国标码	TERA		■	
滑坡	751003		范围线构面	国标码	TERA	面积大于图上 25 mm² 的应表示	■	
泥石流	751004		范围线构面	国标码	TERA		■	
熔岩流	751005		范围线构面	国标码	TERA		■	

续表

分类	代码	图式	几何特征	属性内容	要素分层	选取与表示指标	更新指标	备注
人工地貌								
田坎、路堑、沟堑、路堤、单面路坡堤	760200		有向线	国标码	TERL、LFCL、HFCL	长度大于图上 10 mm、比高 2 m 以上的路堤、路堑应表示，双面路堤按照双侧单面路堤分别采集	■	
垄								
石垄	760301		中心线	国标码	TERL	长度大于图上 10 mm、比高 1.5 m 以上的应表示	■	
土垄	760302		中心线	国标码	TERL		■	
防风固沙石方格	760401		范围线构面	国标码	TERA	保护道路为了不被风沙埋没而对风沙采取的固定设施，面积大于 25 mm² 的应表示	■	
防风固沙草方格	760402		范围线构面	国标码	TERA		■	
植被与土质								
农林用地								
耕地								
水田	810306		范围线构面	国标码	VEGA	用于种植水生作物的耕地，面积大于图上 50 mm² 的应表示；沿沟谷狭长分布的稻田，宽度大于图上 2 mm，但长度大于图上 10 mm 的应表示；稻田和水生作物地合并水田表示	■	

续表

分类	代码	图式	几何特征	属性内容	要素分层	选取与表示指标	更新指标	备注
旱地	810302		范围线构面	国标码	VEGA	除大面积旱地应表示外，在大片稻田、草地及各种林地中间有方位作用的小块旱地也应表示	■	
园地	810400		范围线构面	国标码、类型	VEGA	面积大于图上 25 mm² 的应表示，类型属性尽量更新	■	
林地								
成林	810501		范围线构面	国标码、混杂种类	VEGA	根据地域特点选取表示，面积大于图上 25~50 mm² 的一般均应表示，小于此面积的一般不表示，在植被稀少地区可选取	□	
幼林	810502		范围线构面	国标码、混杂种类	VEGA	林地集中分布地区可适当方位作构面表示；重要的，具有方位作用的狭长灌木林竹林带及重要的灌木丛、竹丛等可选取表示	□	
灌木林	810503		范围线构面、中心线、定位点	国标码、混杂种类	VEGA、VEGL、VEGP		□	
竹林	810504		范围线构面、中心线、定位点	国标码、混杂种类	VEGA、VEGL、VEGP		□	

续表

分类	代码	图式	几何特征	属性内容	要素分层	选取与表示指标	更新指标	备注
疏林	810505		范围线构面	国标码,混杂种类	VEGA		□	
迹地	810506		范围线构面	国标码	VEGA		□	
苗圃	810507		范围线构面	国标码	VEGA	面积大于图上 25 mm² 的应表示	■	
防火带	810508		范围构面、中心线	国标码	VEGA、VEGL	均应表示,图上宽度大于0.6 mm 时依比例尺表示;不依比例尺的用面表示,依比例尺的按中心线采集	■	
零星树木	810509		定位点	国标码	VEGP	有重要意义的应表示	■	
行树,狭长林带	810510		中心线	国标码	VEGL	长度大于图上 30 mm 且实地比较明显表示,宽长林带按此表示	■	
独立树	810511		定位点	国标码	VEGP	表示有良好方位意义的或著名的单棵树	■	
独立树丛草地	810512		定位点	国标码	VEGP	有方位意义的应表示	■	
高草地	810601		范围线构面	国标码	VEGA	以生长芦苇、席草、芒草、麦类草和其他高秆草本植物的草地,面积大于图上 50 mm² 的应表示	□	

续表

分类	代码	图式	几何特征	属性内容	要素分层	选取与表示指标	更新指标	备注
草地	810602		范围线构面	国标码、混杂种类	VEGA	以生长草木植物为主的地区，覆盖度在50%以上的地区，山地、丘陵地区的草原、沼泽、湖溪地区的草甸，人工种植的绿地等，面积大于图上50 mm² 的应表示	□	
半荒草地	810603		范围线构面	国标码、混杂种类	VEGA	草类生长比较稀疏，覆盖度在20%～50%的草地，面积大于图上100 mm² 的应表示	□	
荒草地	810604		范围线构面	国标码、混杂种类	VEGA	植物特别稀少，其覆盖度在5%～20%的土地，不包括盐碱地、沼泽地和裸土地，面积大于图上100 mm² 的应表示	□	
城市绿地	820000		范围线构面	国标码	VEGA	根据城市特点，面积大于图上2～8 mm² 的应表示	■	
土质								
盐碱地	830100		范围线构面	国标码	TERA		□	
小草丘地	830200		范围线构面	国标码	TERA	面积大于图上100 mm² 的应表示	□	
裸土地	830301		范围线构面	国标码	TERA		□	
龟裂地								

续表

分类	代码	图式	几何特征	属性内容	要素分层	选取与表示指标	更新指标	备注
石砾地								
沙砾地、戈壁滩	830401		范围线构面	国标码	TERA	（同上）	□	
石块地	830402		范围线构面	国标码	TERA		□	
残丘地	830403		范围线构面	国标码	TERA		□	
沙泥地	830500		范围线构面	国标码	TERA		□	
地名								
A. 居民地行政区地名								
国名	AA		地名定位点	地名分类码、名称、汉语拼音、地名编码	AGNP		■	★必须全部更新
省（直辖市、自治区、特别行政区）行政地名	AB		地名定位点	地名分类码、名称、汉语拼音、地名编码	AGNP		■	
自治州、盟、地区行政地名	AC		地名定位点	地名分类码、名称、汉语拼音、地名编码	AGNP			

续表

分类	代码	图式	几何特征	属性内容	要素分层	选取与表示指标	更新指标	备注
地级市行政地名	AD		地名定位点	地名分类码、名称、汉语拼音、地名编码	AGNP		■	
县级市行政地名	AE		地名定位点	地名分类码、名称、汉语拼音、地名编码	AGNP		■	
县（自治县、旗、自治旗、地级市市辖区）级行政地名	AF		地名定位点	地名分类码、名称、汉语拼音、地名编码	AGNP		■	
县辖区及县级行政区域的派出机构地名	AG		地名定位点	地名分类码、名称、汉语拼音、地名编码	AGNP		■	
街道办事处地名	AH		地名定位点	地名分类码、名称、汉语拼音、地名编码	AGNP		■	
镇行政地名	AI		地名定位点	地名分类码、名称、汉语拼音、地名编码	AGNP		■	
乡行政地名	AJ		地名定位点	地名分类码、名称、汉语拼音、地名编码	AGNP		■	
建制村地名	AK		地名定位点	地名分类码、名称、汉语拼音、地名编码、乡镇名称	AGNP		■	文本尽量收集资料更新

续表

分类	代码	图式	几何特征	属性内容	要素分层	选取与表示指标	更新指标	备注
B.居民地自然地名								
城镇区片、小区名	BA		地名定位点	地名分类码、名称、汉语拼音、地名编码	AGNP		■	
自然村、屯、片村、村民小组名	BB		地名定位点	地名分类码、名称、汉语拼音、地名编码	AGNP		■	
牧点、渔点、棚房名	BC		地名定位点	地名分类码、名称、汉语拼音、地名编码	AGNP		■	
其他	BD		地名定位点	地名分类码、名称、汉语拼音、地名编码	AGNP		■	
C.具有地名意义的企事业单位名								
党政机关、党派团体名	CA		地名定位点	地名分类码、名称、汉语拼音、地名编码	AGNP		■	
企事业单位名	CB		地名定位点	地名分类码、名称、汉语拼音、地名编码	AGNP		■	
农、林、牧、渔场名	CC		地名定位点	地名分类码、名称、汉语拼音、地名编码	AGNP		■	
台、站名(电视台、转播站、天文台、气象台、地震台等)	CD		地名定位点	地名分类码、名称、汉语拼音、地名编码	AANP		■	

分类	代码	图式	几何特征	属性内容	要素分层	选取与表示指标	更新指标	备注
经济区域名	CE		地名定位点	地名分类码,名称,汉语拼音	AANP		■	
经济特区名	CF		地名定位点	地名分类码,名称,汉语拼音	AANP		■	
经济开发区名	CG		地名定位点	地名分类码,名称,汉语拼音	AANP		■	
其他	CH		地名定位点	地名分类码,名称,汉语拼音	AANP		■	
D. 交通要素名								
空运站,机场名	DA		地名定位点	地名分类码,名称,汉语拼音	AANP		■	
海运航线名	DB		地名定位点	地名分类码,名称,汉语拼音	AANP		■	
海港名	DC		地名定位点	地名分类码,名称,汉语拼音	AANP		■	
内河航线名	DD		地名定位点	地名分类码,名称,汉语拼音	AANP		■	
内河港口名	DE		地名定位点	地名分类码,名称,汉语拼音	AANP		■	
渡口名	DF		地名定位点	地名分类码,名称,汉语拼音	AANP		■	
铁路线路名	DG		地名定位点	地名分类码,名称,汉语拼音	AANP		■	
铁路车站名	DH		地名定位点	地名分类码,名称,汉语拼音	AANP		■	
公路及乡村路名	DI		地名定位点	地名分类码,名称,汉语拼音	AANP		■	

续表

分类	代码	图式	几何特征	属性内容	要素分层	选取与表示指标	更新指标	备注
公路站名	DJ		地名定位点	地名分类码、名称、汉语拼音	AANP		■	
桥梁、涵洞、隧道名	DK		地名定位点	地名分类码、名称、汉语拼音	AANP		■	
城市路、街、巷等名	DL		地名定位点	地名分类码、名称、汉语拼音	AANP		■	
管线、索道名	DM		地名定位点	地名分类码、名称、汉语拼音	AANP		■	
地铁线路名	DN		地名定位点	地名分类码、名称、汉语拼音	AANP		■	
地铁站名	DO		地名定位点	地名分类码、名称、汉语拼音	AANP		■	
其他	DP		地名定位点	地名分类码、名称、汉语拼音	AANP		■	
E. 纪念地和古迹名								
具有历史意义的纪念地	EA		地名定位点	地名分类码、名称、汉语拼音	AANP		■	
公园、风景名胜名	EB		地名定位点	地名分类码、名称、汉语拼音	AANP		■	
古建筑名（包括钟楼、鼓楼、城楼、关塞、庙宇、塔、宫殿、碑、府衙、牌坊、古窟、石窟、祠、古桥等）	EC		地名定位点	地名分类码、名称、汉语拼音	AANP		■	
古长城名	ED		地名定位点	地名分类码、名称、汉语拼音	AANP		■	

续表

分类	代码	图式	几何特征	属性内容	要素分层	选取与表示指标	更新指标	备注
古石刻名、摩崖名	EE		地名定位点	地名分类码、名称、汉语拼音	AANP		■	
古遗址名	EF		地名定位点	地名分类码、名称、汉语拼音	AANP		■	
古墓葬名	EG		地名定位点	地名分类码、名称、汉语拼音	AANP		■	
古战场名	EH		地名定位点	地名分类码、名称、汉语拼音	AANP		■	
其他	EI		地名定位点	地名分类码、名称、汉语拼音	AANP		■	
H.山名								
山体名（包括山脉、山岭、火山、冰山、雪山等）	HA		地名定位点	地名分类码、名称、汉语拼音	AANP		■	
山峰名（山丘、崗等）	HB		地名定位点	地名分类码、名称、汉语拼音	AANP		■	
山坡名	HC		地名定位点	地名分类码、名称、汉语拼音	AANP		■	
谷地名	HD		地名定位点	地名分类码、名称、汉语拼音	AANP		■	
山崖名	HE		地名定位点	地名分类码、名称、汉语拼音	AANP		■	
洞穴名	HF		地名定位点	地名分类码、名称、汉语拼音	AANP		■	
山口名（包括垭口、关口、隘口等）	HG		地名定位点	地名分类码、名称、汉语拼音	AANP		■	
台地名（源、坝子名）	HH		地名定位点	地名分类码、名称、汉语拼音	AANP		■	

续表

分类	代码	图式	几何特征	属性内容	要素分层	选取与表示指标	更新指标	备注
其他	HI		地名定位点	地名分类码,名称,汉语拼音	AANP		■	
I.陆地水域名								
常年河流名	IA		地名定位点	地名分类码,名称,汉语拼音	AANP		■	
季节性河流名	IB		地名定位点	地名分类码,名称,汉语拼音	AANP		■	
消失河名	IC		地名定位点	地名分类码,名称,汉语拼音	AANP		■	
伏流河名	ID		地名定位点	地名分类码,名称,汉语拼音	AANP		■	
运河名	IE		地名定位点	地名分类码,名称,汉语拼音	AANP		■	
渠道名	IF		地名定位点	地名分类码,名称,汉语拼音	AANP		■	
湖泊名	IG		地名定位点	地名分类码,名称,汉语拼音	AANP		■	
水库名	IH		地名定位点	地名分类码,名称,汉语拼音	AANP		■	
蓄洪区名	II		地名定位点	地名分类码,名称,汉语拼音	AANP		■	
瀑布名	IJ		地名定位点	地名分类码,名称,汉语拼音	AANP		■	
泉名	IK		地名定位点	地名分类码,名称,汉语拼音	AANP		■	
井名	IL		地名定位点	地名分类码,名称,汉语拼音	AANP		■	

续表

分类	代码	图式	几何特征	属性内容	要素分层	选取与表示指标	更新指标	备注
干涸河名	IM		地名定位点	地名分类码、名称、汉语拼音	AANP		■	
干涸湖名	IN		地名定位点	地名分类码、名称、汉语拼音	AANP		■	
冰川名	IO		地名定位点	地名分类码、名称、汉语拼音	AANP		■	
河口名	IP		地名定位点	地名分类码、名称、汉语拼音	AANP		■	
河滩名	IQ		地名定位点	地名分类码、名称、汉语拼音	AANP		■	
河曲,河湾,峡名	IR		地名定位点	地名分类码、名称、汉语拼音	AANP		■	
洲岛名	IS		地名定位点	地名分类码、名称、汉语拼音	AANP		■	
沼泽、湿地名	IT		地名定位点	地名分类码、名称、汉语拼音	AANP		■	
水利设施名（包括堤坝,水闸,输水隧道等）	IU		地名定位点	地名分类码、名称、汉语拼音	AANP		■	
其他	IV		地名定位点	地名分类码、名称、汉语拼音	AANP		■	
J. 海洋地域名								
海洋名	JA		地名定位点	地名分类码、名称、汉语拼音	AANP		■	
海湾,港湾名	JB		地名定位点	地名分类码、名称、汉语拼音	AANP		■	
海峡名	JC		地名定位点	地名分类码、名称、汉语拼音	AANP		■	

续表

分类	代码	图式	几何特征	属性内容	要素分层	选取与表示指标	更新指标	备注
水道名	JD		地名定位点	地名分类码,名称,汉语拼音	AANP		■	
岛,礁名	JE		地名定位点	地名分类码,名称,汉语拼音	AANP		■	
群岛,列岛名	JF		地名定位点	地名分类码,名称,汉语拼音	AANP		■	
半岛,岬角名	JG		地名定位点	地名分类码,名称,汉语拼音	AANP		■	
滩涂名	JH		地名定位点	地名分类码,名称,汉语拼音	AANP		■	
海盆名	JI		地名定位点	地名分类码,名称,汉语拼音	AANP		■	
海沟名	JJ		地名定位点	地名分类码,名称,汉语拼音	AANP		■	
海底山脉名	JK		地名定位点	地名分类码,名称,汉语拼音	AANP		■	
海岸名	JL		地名定位点	地名分类码,名称,汉语拼音	AANP		■	
海槽名	JM		地名定位点	地名分类码,名称,汉语拼音	AANP		■	
海底断裂带名	JN		地名定位点	地名分类码,名称,汉语拼音	AANP		■	
海底峡谷名	JO		地名定位点	地名分类码,名称,汉语拼音	AANP		■	
海底高原名	JP		地名定位点	地名分类码,名称,汉语拼音	AANP		■	

续表

分类	代码	图式	几何特征	属性内容	要素分层	选取与表示指标	更新指标	备注
海底平原名	JQ		地名定位点	地名分类码,名称,汉语拼音	AANP		■	
大陆架、大陆坡名	JR		地名定位点	地名分类码,名称,汉语拼音	AANP		■	
其他	JS		地名定位点	地名分类码,名称,汉语拼音	AANP			
K. 自然地域名								
平原名	KA		地名定位点	地名分类码,名称,汉语拼音	AANP		■	
凹地、盆地名	KB		地名定位点	地名分类码,名称,汉语拼音	AANP		■	
山地、丘陵名	KC		地名定位点	地名分类码,名称,汉语拼音	AANP		■	
高原名	KD		地名定位点	地名分类码,名称,汉语拼音	AANP		■	
草原名	KE		地名定位点	地名分类码,名称,汉语拼音	AANP		■	
绿洲名	KF		地名定位点	地名分类码,名称,汉语拼音	AANP		■	
荒漠、沙漠名	KH		地名定位点	地名分类码,名称,汉语拼音	AANP		■	
森林名	KI		地名定位点	地名分类码,名称,汉语拼音	AANP		■	
三角洲名	KJ		地名定位点	地名分类码,名称,汉语拼音	AANP		■	
盐田名	KK		地名定位点	地名分类码,名称,汉语拼音	AANP		■	

续表

分类	代码	图式	几何特征	属性内容	要素分层	选取与表示指标	更新指标	备注
自然保护区名	KL		地名定位点	地名分类码、名称、汉语拼音	AANP		■	
其他	KM		地名定位点	地名分类码、名称、汉语拼音	AANP		■	
L. 境界标志								
界碑名	LA		地名定位点	地名分类码、名称、汉语拼音	AANP		■	
界桩名	LB		地名定位点	地名分类码、名称、汉语拼音	AANP		■	
其他	LC		地名定位点	地名分类码、名称、汉语拼音	AANP		■	

注：要素几何特征说明：1∶5万地形数据的所有要素依照其存在特性分为点、线、面三种表示方式。

1. 点要素的表示形式

(1)标注点，指无实体对应的点要素的表现形式，如高程点、特殊高程点、水深点等。

(2)定位点，指有实体对应的点要素的表现形式，如测量控制点、灯塔、烟囱等。

(3)有向点，指具有方向意义的点要素的表现形式，如泉、火车站等。

(4)地名定位点，指地名对应的点要素中心位置、线要素或面要素中心位置，如矿井地名、河流名称、海湾名称等。

2. 线要素的表示形式

(1)线，指无实体对应的线要素的表现形式，如等高线、地类界、境界线等。

(2)中心线，指有实体对应的线要素的表现形式，如地铁、机耕路、溜索桥、隧道等。

(3)有向线，指具有方向意义的线要素的表现形式，是依照一定方向采集的线，如单线河、田坎/路堑/沟堑/路堤、自然文化保护区界等。

3. 面要素的表示形式

(1)轮廓线构面，用于表示具有明确边界的面要素，如依比例尺表示的单幢房屋等。

(2)范围线构面，用于表示不具有明确边界的面要素，如油罐群、土质、植被等。